应用型高等院校改革创新示范教材

C 程序设计实用教程——基于问题驱动模式

主　编　李凤云

副主编　倪　燃　曹梅红

中国水利水电出版社
www.waterpub.com.cn
·北京·

内 容 提 要

本书是编者结合多年的教学经验和 C 语言程序设计体会，为满足程序设计零基础的 C 语言初学者的学习而编写的。全书共分 11 章，内容包括程序设计的思路和方法，C 语言的基本知识及其应用技巧等。本书在编写过程中兼顾了全国计算机等级考试的要求。

本书思路新颖，以问题引出知识点，在例题中讲解语法，注重实用；在讲解语法的同时强调实际技巧；在例题分析中贯彻程序设计的方法。本书的配套教学资源丰富，有 PPT 课件、习题集与上机指导书等，方便读者自学和上机实践。本书分层次的综合应用便于读者深入理解 C 语言的语法和培养其程序设计能力。书中例题丰富，例题中的代码均已在 VC++ 6.0 下调试通过。

本书是面向程序设计初学者的 C 语言程序设计教材，可作为高职高专学生、普通高校学生的 C 语言程序设计入门教材，也可作为全国计算机等级考试的辅导教材，还可供 C 语言自学者使用。

本书配有免费电子教案，读者可以从中国水利水电出版社网站以及万水书苑下载，网址为：http://www.waterpub.com.cn/softdown/或 http://www.wsbookshow.com。

图书在版编目（CIP）数据

C程序设计实用教程 ： 基于问题驱动模式 / 李凤云主编. -- 北京 : 中国水利水电出版社, 2019.6
应用型高等院校改革创新示范教材
ISBN 978-7-5170-7781-7

Ⅰ. ①C… Ⅱ. ①李… Ⅲ. ①C语言－程序设计－高等学校－教材 Ⅳ. ①TP312.8

中国版本图书馆CIP数据核字(2019)第131408号

策划编辑：杜 威　责任编辑：张玉玲　加工编辑：张青月　封面设计：李 佳

书 名	应用型高等院校改革创新示范教材 C 程序设计实用教程——基于问题驱动模式 C CHENGXU SHEJI SHIYONG JIAOCHENG——JIYU WENTI QUDONG MOSHI
作 者	主 编 李凤云 副主编 倪 燃 曹梅红
出版发行	中国水利水电出版社 （北京市海淀区玉渊潭南路 1 号 D 座 100038） 网址：www.waterpub.com.cn E-mail：mchannel@263.net（万水） sales@waterpub.com.cn 电话：（010）68367658（营销中心）、82562819（万水）
经 售	全国各地新华书店和相关出版物销售网点
排 版	北京万水电子信息有限公司
印 刷	三河市铭浩彩色印装有限公司
规 格	184mm×260mm 16 开本 14.25 印张 349 千字
版 次	2019 年 6 月第 1 版 2019 年 6 月第 1 次印刷
印 数	0001—3000 册
定 价	38.00 元

凡购买我社图书，如有缺页、倒页、脱页的，本社营销中心负责调换

前　　言

C 语言程序设计已成为高等学校大学生的公共基础课。目前数量众多的 C 语言教材的编写风格大致有两类，一是“以知识为主线”，偏重于介绍 C 语言的基本知识，弱化了利用计算机分析和解决实际问题能力的培养，导致学生掌握一些语法知识却不能用于解决实际问题；二是“以问题为主线”的案例式教材，在案例的解决过程中讲解相关语法，但有些内容过于简化，难以涵盖 C 语言的主要语法知识。

鉴于以上原因，作者结合多年来在应用型本科学生中讲授 C 语言程序设计的经历，将教学中遇到的问题及解决方法进行总结，以便零基础的初学者能较容易地跨入程序设计的门槛。本书的编写思路和特色有如下几点。

（1）采用“以知识为主线”和“以问题为主线”相融合的思路组织教材内容。“以知识为主线”组织教材的整体结构，保证了 C 语言知识体系的系统性和完整性，方便读者快速查阅某个知识点；而对于每个章节的知识点，则采用“问题驱动方式”，将 C 语言的语法知识贯穿在解决问题过程中，首先提出案例问题，然后引出用 C 语言解决该问题的方法，在解决问题的过程中贯穿语法知识的介绍以及应用技巧，从而解决了学生在学习 C 语言过程中“学不知所用”的困惑，提高了学习兴趣和应用能力。

（2）注重分析问题、解决问题的程序设计思想的培养。所有的知识点都是为了解决问题而提出的，且大部分例题都配有思路解析，然后给出源代码及解释，使读者在学习过程中逐步建立起“计算思维”，掌握程序设计的一般思路和 C 语言知识的应用方法，从而解决学生在学习 C 语言过程中的最大瓶颈——缺乏程序设计思路和分析问题的方法。

（3）引入 MOOC 学习的思路。本书将每个章节的内容以知识点为单位进行组织，每个知识点都按照“提出问题、解决问题、知识点应用、即学即练”的思路编写。

（4）面向零基础的初学者。本书对案例问题和语法知识的描述尽量简明扼要、通俗易懂，对于语法知识应用中的主要问题及更多的细节内容尽量简化，例题尽量简单、有代表性、有趣味性，将程序设计中的应用技巧及常见错误分散在案例中，以“特别提示”的形式给出。每章开头的导读和章末小结给出了本章的重点内容及其应用方法，从而让初学者在有限的时间内能够掌握主要内容，避免学习过程中产生畏难心理而放弃本门课程的学习。

（5）兼顾学生参加全国计算机等级考试的要求。本书每章的课后习题尽量避免算法复杂的数学类题目，而是精选近几年全国计算机等级考试中的典型题目，紧扣本章的知识点设置课后习题，同时设置典型的综合应用题目。

（6）突出应用能力培养。本书在知识点的学习过程中采用“问题驱动”和“即学即练”的方式，在每章结束后配合“阶梯式大作业”，将一个完整实用的小项目的实现贯穿在本课程的学习过程中，循序渐进地培养项目化思想，提高读者的 C 程序设计能力。

（7）配套资源完善。本书基于 C 语言教学团队多年的授课经验和教学改革成果而编写，相应的配套资源比较完善，包含电子教案、上机指导、微课视频、习题参考答案与解析。其中上机指导书以 VC++ 6.0 集成开发环境为基础，按照知识点设置了程序填空、程序改错、程序调试实例的上机调试要求、程序调试方法和技巧，降低了学生初学时直接编程的难度，方便学生上机练习和以最快的速度掌握各种结构的程序的调试技巧。

本书的参考学时为 48～64 学时，指针、函数、结构体等内容的综合应用有一定深度和难度，在目录中以星号（*）标注的内容，教师可根据学时和学生的实际情况选用。

本书共 11 章，其中第 1～9 章由李凤云编写，第 10 章由曹梅红编写，第 11 章由倪燃编写。另外，C 语言教学团队的成员曹梅红、倪燃、倪翠、庞希愚、迟增晓、樊保军共同编写了的本书的课后习题。本书由张广渊教授主审，由李凤云负责统稿和定稿。

感谢中国水利水电出版社的大力支持，感谢沈祥玖教授对编写工作的悉心指导。

由于编者的水平有限，书中难免有不当之处，敬请读者批评指正。

编者联系邮箱：fy_li@sina.com

编 者

2019 年 4 月

目　　录

前言
第 1 章　C 语言与程序设计概述 …… 1
1.1　认识 C 语言程序 …… 1
1.2　C 语言的基本语法单位 …… 3
1.3　用 C 语言编程解决问题的过程 …… 4
1.3.1　分析问题与设计算法 …… 4
1.3.2　编写程序与上机调试 …… 6
1.4　C 语言的特点 …… 8
本章小结 …… 9
习　题 1 …… 10
第 2 章　基本数据类型和运算符 …… 11
2.1　为什么要用数据类型和运算符 …… 11
2.2　基本数据类型 …… 12
2.2.1　数据类型 …… 12
2.2.2　常量和变量 …… 13
2.2.3　整型数据 …… 15
2.2.4　浮点型数据 …… 15
2.2.5　字符型数据 …… 16
2.3　用基本运算符实现简单操作 …… 19
2.3.1　算术运算符和算术表达式 …… 19
2.3.2　表达式计算中的数据类型转换 …… 21
2.3.3　赋值运算符与赋值表达式 …… 23
本章小结 …… 24
习　题 2 …… 24
第 3 章　简单输入输出 …… 27
3.1　输入输出问题 …… 27
3.2　格式化输入输出 …… 28
3.2.1　格式化输出函数 printf() …… 29
3.2.2　格式化输入函数 scanf() …… 31
3.3　字符输入输出 …… 32
3.4　综合应用 …… 33
本章小结 …… 36
习　题 3 …… 36
第 4 章　选择结构程序设计 …… 39
4.1　分支问题与选择结构 …… 39
4.2　条件的表示 …… 40
4.2.1　关系运算符和关系表达式 …… 41
4.2.2　逻辑运算符和逻辑表达式 …… 42
4.3　选择结构的实现 …… 44
4.3.1　用 if 语句实现简单的分支问题 …… 44
4.3.2　用 if 语句实现多分支结构 …… 46
4.3.3　用条件运算符实现简单的双分支结构 …… 49
4.3.4　用 switch 语句实现多分支结构 …… 49
4.4　综合应用 …… 53
本章小结 …… 56
习　题 4 …… 56
第 5 章　循环结构程序设计 …… 62
5.1　重复操作问题与循环结构 …… 62
5.2　循环结构的实现 …… 66
5.2.1　while 语句 …… 66
5.2.2　do_while 语句 …… 67
5.2.3　for 语句 …… 70
5.2.4　break 语句和 continue 语句 …… 72
5.3　三种循环语句的综合应用 …… 74
5.3.1　三种循环语句的区别应用 …… 74
5.3.2　用循环的嵌套解决复杂的重复操作问题 …… 77
5.3.3　用穷举法解决方程求解问题 …… 78
本章小结 …… 81
习　题 5 …… 81
第 6 章　数组 …… 86
6.1　同类型批量数据的表示问题 …… 86
6.2　一维数组 …… 87
6.2.1　一维数组的定义和初始化 …… 87
6.2.2　一维数组的引用 …… 88
6.2.3　使用一维数组处理一组数据 …… 91
6.3　二维数组 …… 94
6.3.1　二维数组的定义与初始化 …… 94

6.3.2 二维数组的引用 …… 95
6.3.3 使用二维数组处理多组数据 …… 98
6.4 字符数组与字符串 …… 99
6.4.1 一维字符数组的定义与引用 …… 99
6.4.2 用字符数组保存字符串 …… 100
6.4.3 字符串的常见操作 …… 102
本章小结 …… 106
习 题 6 …… 106
第 7 章 函数 …… 111
7.1 模块化程序设计方法 …… 111
7.2 函数的定义 …… 112
7.2.1 函数定义的一般形式 …… 113
7.2.2 定义函数的一般步骤 …… 114
7.3 函数的调用 …… 116
7.3.1 函数调用的一般形式与调用过程 …… 116
7.3.2 函数声明 …… 118
7.4 函数的高级应用 …… 119
7.4.1 函数的嵌套调用 …… 119
7.4.2 递归函数的定义和调用 …… 121
7.4.3 数组名作为函数参数 …… 124
7.5 局部变量和全局变量 …… 126
*7.6 变量的存储类型 …… 129
本章小结 …… 131
习 题 7 …… 131
第 8 章 指针 …… 135
8.1 地址与指针 …… 135
8.2 指针变量 …… 137
8.2.1 指针变量的定义和初始化 …… 137
8.2.2 指针变量作为函数参数 …… 140
8.3 用指针访问数组 …… 141
8.3.1 用指针访问一维数组 …… 142
*8.3.2 用指针访问二维数组 …… 146
8.3.3 用指针访问字符串 …… 149
8.4 指针与函数的综合应用 …… 151
*8.4.1 通过指针调用函数 …… 151
8.4.2 返回指针值的函数 …… 152
8.5 指针数组与指向指针的指针 …… 153
8.5.1 指针数组 …… 153
8.5.2 指向指针的指针 …… 155
*8.5.3 指针数组作为 main 函数的参数 …… 156
本章小结 …… 157
习 题 8 …… 158
第 9 章 自定义数据类型 …… 161
9.1 如何表示复杂的数据 …… 161
9.2 结构体类型的定义 …… 162
9.3 结构体变量的定义、初始化和使用 …… 163
9.3.1 结构体变量的定义和初始化 …… 163
9.3.2 结构体变量的使用 …… 164
9.4 结构体数组 …… 166
9.5 结构体指针 …… 168
9.6 动态内存分配 …… 170
*9.7 综合应用——简单链表 …… 173
*9.8 共用体 …… 179
*9.9 枚举类型 …… 181
本章小结 …… 183
习 题 9 …… 184
***第 10 章 位运算** …… 187
10.1 位运算符和位运算表达式 …… 187
10.2 位段 …… 190
本章小结 …… 193
习 题 10 …… 193
第 11 章 文件 …… 195
11.1 C 语言文件系统 …… 195
11.2 文件的打开与关闭 …… 198
11.3 文件的读写 …… 199
11.4 文件的定位 …… 206
本章小结 …… 207
习 题 11 …… 208
附录 A ASCII 码表 …… 209
附录 B C 语言的关键字 …… 210
附录 C C 语言的运算符及其结合性 …… 211
附录 D C 语言的常用库函数 …… 212
附录 E VC++ 6.0 集成环境的使用 …… 216

第 1 章　C 语言与程序设计概述

本章导读

本章从认识简单的 C 语言程序开始，介绍了程序和程序设计语言、C 语言程序的基本结构、C 语言的基本语法单位、用 C 语言编程解决问题的过程以及 C 语言的特点。通过本章的学习，读者会对 C 语言程序设计有初步的认识，应重点了解使用 C 语言编写程序解决实际问题的思路，认识培养程序设计思维的重要性。

本章要点

- 程序和程序设计语言的含义。
- C 语言程序的基本结构。
- 用 C 语言编写程序解决实际问题的过程。

1.1　认识 C 语言程序

为了对 C 语言程序有一些感性认识，先来看几个简单的 C 语言程序例子。

例 1.1　在屏幕上输出一行信息："How are you!"。

源程序：

```
#include <stdio.h>
int main()
{
     printf("How are you!");
     return 0;
}
```

运行结果：

```
How are you!
```

这是一个最简单的 C 语言程序。它只含有一个函数 main()，函数名 main 表示该函数为"主函数"，描述函数功能的语句放在由一对大括号"{ }"括起来的函数体中。

例 1.1 中，函数要实现的功能很简单，函数体内只有两个语句，其作用是输出双引号内的一串字符、结束函数并返回 0 值。语句的末尾用分号";"结束。

例 1.2　已知圆的半径为 6，计算圆的周长和面积。

源程序：

```
#include <stdio.h>
int main()
{
```

```
    double r, length, area;          //定义三个实型变量，分别表示半径、周长和面积
    r=6;                             //赋值，将 6 赋给 r
    length=2*3.14*r;                 //计算周长，结果赋给 length
    area=3.14*r*r;                   //计算面积，结果赋给 area
    printf("length=%lf, area=%lf\n", length, area); //输出圆的周长、面积
    return 0;
}
```

运行结果：

```
length=37.680000, area=113.040000
```

例 1.2 也只有一个 main()函数，但是实现的功能比例 1.1 复杂一些，函数体内的语句有多个，每个语句都以分号结束。

函数体内的语句可分为说明语句和可执行语句两类。说明语句用于描述程序中要处理的数据；可执行语句描述数据处理的一系列操作。例如，例 1.2 程序中的第一个语句用来说明程序中要使用的变量，属于“说明语句”；其余的语句表示特定的操作，属于“可执行语句”。

程序中以“//”开头的部分是注释。

例 1.3 输入两个整数，求两个整数中的较大值。

源程序：

```
#include <stdio.h>                     /*编译预处理命令：包含输入输出函数的头文件*/
/*定义函数 max()，求两个数的较大值*/
int max( int a, int b)
{
    if(a>b)                            /*用 if 语句比较两个数的大小*/
        return a;                      /*返回 a 的值*/
    else
        return b;                      /*返回 b 的值*/
}
/*主函数*/
int main( )
{
    int data1,data2,bigger;            /*定义三个变量，分别保存输入的两个整数和其中的较大值*/
    printf("\nenter 2 integers:" );
    scanf("%d%d", &data1, &data2);     /*输入两个整数分别送给 data1 和 data2*/
    bigger=max(data1, data2);          /*调用函数 max()求较大值，将返回的结果保存在 bigger 中*/
    printf("the result is: %d\n", bigger);   /*输出结果 bigger*/
    return 0;
}
```

运行结果：

```
enter 2 integers:10 20
the result is: 20
```

本程序由三部分组成：编译预处理命令、max()函数、main()函数。在 main()函数中还调用了 scanf()函数和 printf()函数。输入数据和输出结果是通过直接调用系统提供的库函数 scanf()和 printf()来实现的；求两个数的较大值是通过调用程序中定义的 max()函数来实现的。

程序中的第一行是编译预处理命令，以“#”开头，其作用是将输入函数和输出函数的头文件包含进本程序中，这样程序中就可以通过直接调用输入函数和输出函数（scanf()和 printf()）

来实现输入和输出功能了。

max()函数是程序中自定义的函数，它的功能是求两个整数中的较大值。C 程序中，将一个相对独立的功能用一个函数实现，方便在需要该功能的其他函数中多次调用。更多函数的内容详见第 7 章。一个程序中可以包含多个函数，通过函数调用组成一个完整的程序。

在“/*”和“*/”之间的内容是注释。

通过以上三个简单程序，我们可以总结出 C 语言程序的结构特点：

（1）程序的基本组成单位是函数。一个程序可以由一个或多个函数组成。例如，例 1.3 中包含 main()函数和 max()函数，另外在 main()函数中还调用了 scanf()函数和 printf()函数。

（2）main()函数。C 程序总是从 main()函数开始执行，执行过程中可以调用其他的函数。当执行完 main()函数中的所有语句后，程序结束，因此一个 C 语言源程序中只能有且仅有一个 main()函数。

（3）函数。C 语言的函数由函数头和函数体两部分组成。函数头说明了该函数的名字、返回值和需要的参数；函数体是由一对大括号“{}”括起来的语句序列，描述函数功能的具体实现过程。例如，例 1.3 中的 max()函数：

```
int max(int a, int b)                    //函数头
{
    if(a>b)
        return a;                        //函数体
    else
        return b;
}
```

（4）语句。程序是由一系列语句组成的，语句的末尾一般以分号结束，分号是语句的必要组成部分。

（5）注释。程序中用“/*……*/”或“//”给出注释，前者可以实现多行内容的注释，后者只能实现单行内容的注释。注释对程序的运行结果不起作用，使用注释的目的是提高程序的可读性。原则上，注释可以出现在程序中允许出现空格的位置。实际编程时，一般将注释放在函数之前或语句之后，前者是对函数或一个语句段的说明，后者是对这一条语句的说明。

（6）程序的功能。编写程序的目的是实现一定的功能，其本质是对数据的处理。因此编程时，首先要描述待处理的数据。比如例 1.3 中的说明语句“int data1,data2,bigger;”定义了三个变量，分别表示两个输入数据和比较结果，然后用一系列语句实现对数据的处理，比如用 scanf()语句实现数据的输入、用 if_else 语句实现数据的比较、用 return 语句实现结果的返回等。

特别提示：一个 C 语言程序中有且仅有一个 main()函数。

1.2　C 语言的基本语法单位

通过 1.1 节中的三个简单程序可以看出，用 C 语言编写程序与用中文写作文类似。用中文写作文时，要先了解汉语的词汇、语法规则，分析文章要表述的内容及先后顺序，然后才能开始落笔写作。同样，用 C 语言编程解决实际问题时，也要先了解 C 语言的基本语法要素。

1. 关键字

关键字是 C 语言中规定的、有特定含义和专门用途的单词符号，比如前面例题中的 main

是主函数名、int 是表示整型的关键字、if_else 是分支语句的关键字、return 是返回语句的关键字等。

2. 标识符

标识符是程序设计者为自定义的变量、函数等所起的名字。比如前面例题中的 max 是自定义的函数名、data1 和 data2 是用于保存整数的变量名。

C 语言中，标识符的命名必须遵循以下规则：

（1）由字母、数字和下划线组成，且不能以数字开头。

（2）不能与关键字同名。

（3）尽量“见名知义”，提高程序的可读性。比如用变量名“bigger”表示“较大的数”。

即学即练：判断下面的标识符哪个是错误的并说明原因。

a、int、x2c、d_1、s.day、sum、g$、a2、#num IF、stu_name、total、a+b、area、day、month。

3. 运算符

运算符表示对数据的基本操作。例如，“+”表示加法操作，“*”表示乘法操作，“>”表示“大于”的比较操作等，更多运算符将在后续的章节中逐步介绍。

4. 流程控制语句

1.1 节的三个例题中大部分语句都是简单语句，执行简单的操作。流程控制语句实现复杂的数据处理，可以使程序具有根据条件执行不同操作的功能。比如例 1.3 中用 if_else 语句实现了选择功能。C 语言主要的流程控制语句有两类：分支语句和循环语句，详见第 4 章和第 5 章。

5. 函数

函数是实现特定功能的程序模块。函数有两类：库函数和用户自定义函数。库函数是系统提供的常用功能对应的函数，用户可直接调用，比如 scanf()函数、printf()函数、开平方函数 sqrt()等。对于库函数中没有的功能，需要程序员自己编程实现，即自己定义函数。

1.3　用 C 语言编程解决问题的过程

如何用 C 语言编写程序解决实际问题呢？

例 1.4　输入 10 个学生的成绩，求平均成绩。

概括地说，程序设计就是分析问题、编写程序、调试程序的过程。下面结合例 1.4 说明程序设计的主要过程。

1.3.1　分析问题与设计算法

1. 分析问题

接到任务后，首先从两个方面进行问题分析。

（1）数据分析：分析任务中要处理的对象，反映到计算机中，就是要分析待处理的数据有哪些、分别是什么类型的。

（2）功能分析：明确要实现的功能是什么，并用计算机处理问题的思维方式分析功能的实现过程，例如，数据从哪里来、要进行怎样的加工处理、处理的结果送到哪里。

本例中，要编程实现输入学生的成绩并计算学生的平均成绩。分析结果如下所述。

（1）待处理的数据：学生成绩、平均成绩。

（2）数据处理过程：输入学生成绩、求平均成绩、输出结果。

其中，数据处理过程中要计算平均成绩，首先需要对所有输入的学生成绩求和。在计算机中，对一批数据求和的一般方法：设置一个表示和值的变量（比如 sum），其初始值为 0；然后重复执行“输入一个学生成绩（比如 score）、累加到和值变量（sum）中”，直至 10 个成绩都已输入为止。为了控制重复“输入一个成绩、累加”的次数，可以设置一个计数变量（比如 n），其初始值为 0，每输入一个成绩，n 的值增 1，如果 n 小于 10，则表示还要重复输入，否则结束输入。

上述过程就是实现“输入学生成绩并累加求和”的思路。

2. 设计算法

程序设计中，用算法描述解决问题的操作步骤。算法可以用自然语言、流程图、N-S 图等方式来描述。比如上面描述的“输入学生成绩并求和”的实现过程就是用自然语言描述的算法，其可读性比较差，还可能因为用词不当引起歧义。

流程图是国际通用的描述算法的方式之一。它是用几种规定的图形符号、箭头线和文字说明来表示算法的框图。流程图的优点是直观形象、易于理解，能将设计者的思路清楚地表达出来，便于以后检查修改和编写程序。

流程图中规定使用的符号如图 1.1 所示。

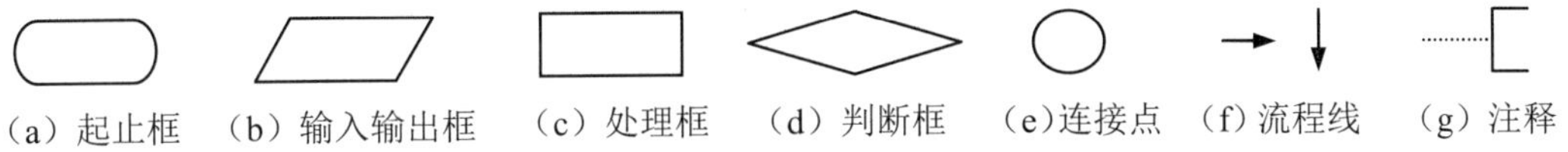

图 1.1 流程图符号

经过长期的实践，人们将传统的流程图逐步改进，提出了结构化的流程图：即一个流程图由三种基本结构（顺序、选择、循环结构）组成，这三种基本结构可以相互嵌套，组合成复杂的算法。通过结构化的流程图写出的程序也是结构化的程序。结构化程序的三种基本结构如图 1.2 所示。

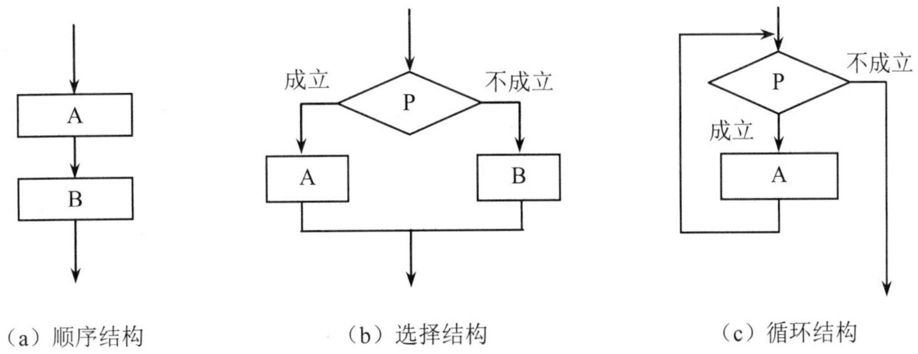

图 1.2 结构化程序的三种基本结构

图 1.2（a）（b）（c）均表示一个基本结构，A、B 可以是一个基本操作或一个基本结构，P 表示条件，它的值有两个：成立和不成立。三种基本结构的功能如下：

- 顺序结构：按流程线的指向，先执行 A 操作，后执行 B 操作。
- 选择结构：执行该结构时，先判断条件 P，若条件成立，则执行 A 操作；否则，执行 B 操作。即根据条件 P 成立与否，每次从 A 或 B 中选择一个执行。
- 循环结构：它的功能是先判断条件 P，若成立，则执行 A 操作，然后继续判断条件 P 是否成立，若成立，再执行 A，如此反复，直到条件 P 不成立时结束循环。

由以上分析可知，带有条件判断的问题用选择结构实现，需要重复某些操作的问题用循环结构实现。因此，例 1.4 的学生成绩处理过程可用下述算法表示。

（1）数据说明：设 score 表示一个学生成绩，sum 表示成绩的累积和，average 表示平均值，n 表示已输入的成绩个数。

（2）算法流程图如图 1.3 所示。

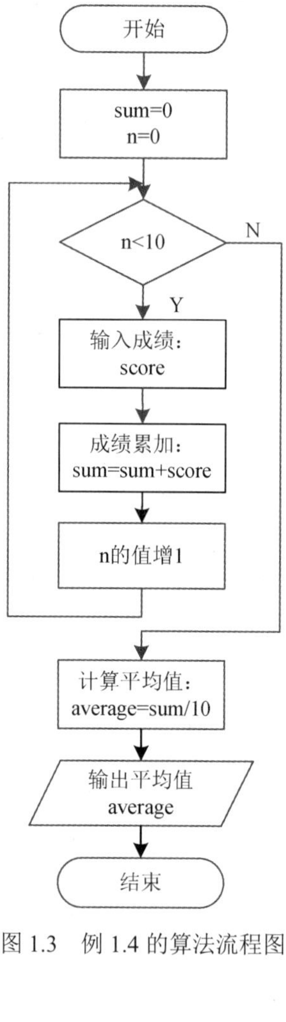

图 1.3　例 1.4 的算法流程图

1.3.2　编写程序与上机调试

1. 编写程序

当问题分析完毕并用算法描述出解决问题的步骤之后，就可以用计算机语言（如 C 语言）描述算法中的系列操作了，这就是编写程序。其中，数据说明部分需要用变量定义等语句实现，算法中的操作需要用可执行语句（如计算、函数调用、分支语句等）实现。

编写程序通常都是在某个集成开发环境中进行。本书的所有程序都是在 Visual C++6.0 环境下编写调试的。

例 1.4 的源程序：

```
#include <stdio.h>
int main()
{
    //定义变量
    int n;
    float score,sum,average;
    //输入 10 个成绩并求累加和
    printf("输入 10 个学生成绩：");
    sum=0;
    for(n=0;n<10;n++)
    {
        scanf("%f",&score);                //输入一个成绩并保存在 score 中
        sum=sum+score;                     //将成绩 score 累加到 sum 中
    }
    average=sum/10;                        //计算平均成绩
    printf("平均值：%f\n",average);         //输出结果
    return 0;
}
```

本程序中，首先将前面分析的数据用定义变量的方式描述出来，然后用表示操作的语句逐步描述算法中的操作。

程序编辑完毕，保存成后缀为.cpp 的文件，即程序源文件。后缀.cpp 表示文件的类型为 C 语言源程序。

2. 编译、连接程序

当程序编辑好后，需要用 C 语言的编译系统对源程序进行编译（Compile），生成二进制的目标代码文件（文件的后缀为.obj）。

目标文件不能直接运行，需要进行“连接（Link）”，即将程序中用到的所有函数（库函数或自定义函数）的目标代码连接成一个可执行文件（文件的后缀为.exe）。

编译过程中如果发现语法错误，系统会给出提示，程序员需要回到编辑程序的环境修改源程序，然后再编译。只有编译通过后才能生成目标代码。

连接的过程中也会进行错误检查。发现错误时系统也会给出提示，然后程序员需要修改源程序，再编译、连接，只有连接通过后才能生成可执行文件。

编译和连接的过程也可以合并为一步实现：直接进行连接。但实际上编译系统还是按照先编译、后连接的步骤进行的。

3. 运行和调试程序

运行可执行的程序，查看运行结果是否正确。

当程序结果与要实现的功能不相符时，说明发生了“逻辑错误”，即算法的操作过程有错误。对于这类错误，系统不会给出提示，需要程序员利用调试程序的技巧和经验找到错误并修改源程序，然后重新编译、连接、运行，直至程序运行结果正确。

综上所述，上机编写和调试 C 语言程序的基本步骤可总结为：编辑、编译、连接、运行并调试，如图 1.4 所示。

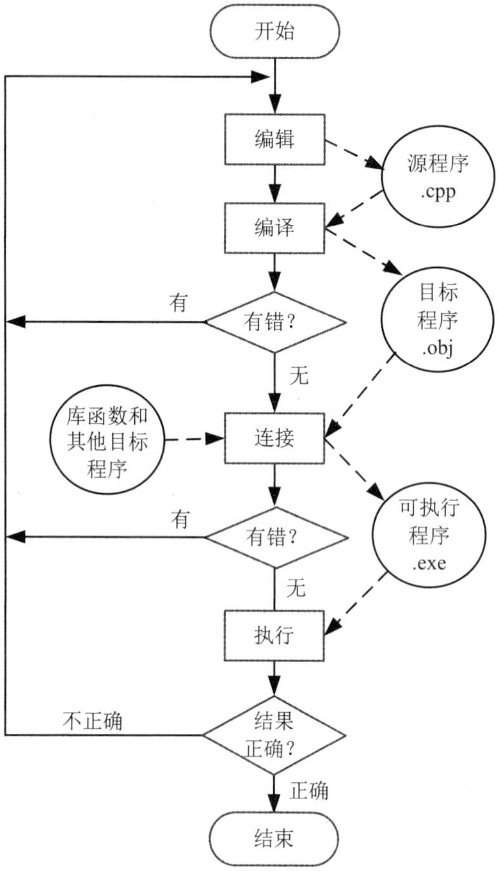

图 1.4　上机编写和调试 C 语言程序的步骤

概括地说，程序设计就是分析问题、编写程序、调试程序的过程。要设计出一个好的程序，首先必须了解利用计算机解决实际问题的过程；其次必须掌握程序设计的基本技术；最后要熟练掌握一门程序设计语言。

1.4　C 语言的特点

通过前面对 C 语言程序的认识以及对 C 程序的编写过程的了解，可以看出：程序就是指用计算机语言编写的能完成特定功能的一系列操作的集合。计算机能够识别的语言即程序设计语言，它是一组定义数据和对数据的操作的语法规则，又称为计算机编程语言。

计算机语言的发展经历了从最低级的机器语言、汇编语言到高级语言、面向对象的程序设计语言的发展历程。

机器语言是指用计算机硬件能直接执行的由 0 和 1 组成的指令序列编写程序，且指令系统与硬件直接相关，因此编程难度非常大。

汇编语言是指用一些简洁的英文字母、符号串来替代一个特定的指令的二进制串编写程序，例如，用“ADD”代表加法、“MOV”代表数据传送等，提高了程序的可读性。用汇编语言编写的程序计算机不能够直接执行，需要由专门的翻译程序翻译成二进制的机器语言程序后才能执行。汇编语言的指令也与计算机的硬件相关，非常适合编写与硬件相关的底层程序，至今仍在使用。

高级语言接近于数学语言或自然语言，可以不依赖于计算机硬件，编写的程序几乎能在所有机器上通用。最早的一种高级语言是 1954 年出现的 FORTRAN 语言，后来陆续有几百种高级语言出现，影响较大、使用较普遍的有 FORTRAN、COBOL、Basic、Pascal、C、Prolog、C++、VC、VB、Delphi、Java 等。高级语言的发展也经历了从面向过程到面向对象的不同阶段，例如 C 语言是 1972 年出现的面向过程的结构化程序设计语言，C++、Java 等是面向对象的程序设计语言。

C 语言是程序设计语言中的常青树。目前几乎所有的处理器芯片都支持 C 语言，而用于计算机的处理器芯片只占不足 20%，其他的芯片则广泛用于其他智能设备和电器等产品中。同时，C 语言也是最佳编程入门语言。这主要得益于 C 语言的以下特点。

（1）C 语言是一种高级语言，同时它又提供了类似于汇编语言的低级语言功能。例如它可以直接访问内存的物理地址，并能对二进制数据进行位操作，因此，C 语言又被认为是中级语言，广泛用于编写应用程序和系统程序。

（2）C 语言提供的数据类型丰富，可以实现各种数据结构，如数组、链表、树、栈等。

（3）C 语言提供了丰富的运算符，如算术运算符、关系运算符、逻辑运算符以及位运算符等，可以完成其他高级语言难以完成的运算。

（4）C 语言程序生成的目标代码质量高，效率只略低于汇编语言，与其他高级语言相比，执行效率高。

（5）C 语言程序可移植性好，容易从一种类型的计算机系统移植到另一种类型的计算机系统。

（6）C 语言设有预处理功能，它的预处理命令，如#define、#include 等，在编译源程序时首先被处理，提高了程序的可读性和可移植性，并且为调试程序提供了方便。

（7）C 语言是结构化的程序设计语言。C 语言源程序是由一个或多个函数组成的，每个函数完成特定的功能，函数之间是相对独立的，便于实现模块化设计。C 语言还提供了丰富的库函数，包括输入输出函数、数学函数、字符处理函数、图形函数等，可供用户直接调用。用户自定义函数时可以使用系统提供的结构化控制语句，以满足结构化程序的要求。

综上所述，C 语言是一种功能很强的语言。但是，它也有一些不足之处，比如 C 语言语法限制不严谨，缺少数据访问越界检查，指针的使用容易出错，对于熟练的程序员来说，编程灵活，但安全性低。因此，学习、使用 C 语言不妨先学基本部分，先掌握基本语法，等熟练后再学编程技巧和一些不规范的语法现象，进而全面掌握 C 语言。

本章小结

1．程序是用计算机语言编写的能实现特定功能的一系列操作的集合，C 语言是常用的计算机编程语言之一。

2．C 语言程序的基本组成单位是函数。一个 C 语言程序有且只有一个 main()函数。

3．用 C 语言编写程序解决实际问题的过程分两步：一是分析问题并用算法描述问题的解决过程；二是将算法描述的解决过程用 C 语言编程实现。

4．程序的本质是进行数据处理，一个程序包括两部分：一是对待处理的数据的描述；二是对数据处理过程的描述。

5．编写 C 语言程序的一般步骤：编辑源程序、编译程序、连接程序、运行和调试程序。

习 题 1

一、填空题。

1．C 程序的基本组成单位是__________。

2．一个 C 程序总是从__________开始执行。

3．注释的分界符分别为__________和__________，它的作用是__________。

4．一个 C 程序至少应包括一个__________函数。

5．C 语言程序中每个简单语句的最后必须有一个__________。

6．一个 C 语言程序，从编制到运行，一般要经过__________、__________、__________、__________四步。

二、程序设计题。

1．参照例 1.1 编程输出下述图案。

```
**********
* welcome *
**********
```

2．分析以下问题的解决过程，用结构化的流程图描述下列问题的解决算法。

（1）求两个整数 m、n 的最小公倍数。

（2）打印输出 100～200 之间不能被 3 整除的数。

第 2 章　基本数据类型和运算符

本章导读

本章主要解决如何用数据类型描述程序中要处理的数据、如何用运算符描述基本操作的问题。重点介绍基本的数据类型（整型、实型、字符型）的使用和基本的运算符（算术运算符、赋值运算符）的使用。在编写程序的过程中，要学会根据程序要处理的数据选用合适的数据类型，用运算符和表达式实现基本操作的时候，要注意数据类型的正确转换。

本章要点

- 如何用数据类型描述数据。
- 三种基本的数据类型分别用于描述什么类型的数据，它们之间在数据的表示范围、占用空间大小方面有何不同。
- 如何用算术运算符和赋值运算符实现基本的数据处理。
- 不同类型的数据进行算术运算时，数据类型是如何转换的。

2.1　为什么要用数据类型和运算符

例 2.1　输入你的身高（m）和体重（kg），计算身高体重指数 BMI（BMI=体重/身高的平方），并判断是否正常（理想的身高体重指数是 22，正常范围是 18.5～24.9）。

源程序：

```
#include <stdio.h>
int main()
{
    float height,weight,bmi;                    //定义 3 个变量，分别表示身高、体重、指数
    printf("输入你的身高（m）和体重（kg）：");
    scanf("%f%f",&height,&weight);              //输入身高、体重
    bmi=(float)weight/(height*height);          //计算指数
    if(bmi>18.5&&bmi<24.9)                      //判断指数是否正常
        printf("你的身高体重指数是%4.1f，正常（18.5~24.9）\n",bmi);
    else
        printf("你的身高体重指数是%4.1f，超出正常范围（18.5~24.9）\n",bmi);
    return 0;
}
```

案例分析：

（1）本程序中处理的数据有五个：身高、体重、指数、正常范围（两个常数），其中前

三个分别用变量 height、weight 和 bmi 表示，后面的“正常范围”是两个常数 18.5 和 24.9。

（2）本程序对数据的操作分三步：输入数据、计算指数、判断是否正常。

编写 C 语言程序解决实际问题的一般思路：首先分析要处理的数据；然后分析对数据要进行什么样的操作；最后编程实现。

编程时要解决的两个问题：

- 如何描述要处理的数据？
- 如何实现对数据的操作？

在 C 语言中，用数据类型描述要处理的数据；用运算符表示基本操作；用 if_else 等流程控制语句实现复杂的数据操作顺序的控制。

在例 2.1 中，身高、体重和指数用三个实型（float）变量表示，正常范围用实型常量（18.5 和 24.9）表示。计算指数用表达式 bmi=(float)weight/(height*height) 实现，其中用到了算术运算符（*、/）和赋值运算符（=）。

本章主要介绍如何用三种基本类型的运算符描述简单数据，如何用算术运算符和赋值运算符等描述简单的数据操作。其他数据类型和运算符将在后续的章节中结合具体的应用逐步介绍。

2.2 基本数据类型

思考：为什么例 2.1 程序中的三个变量的类型要定义为 float？

2.2.1 数据类型

C 语言中用数据类型描述要处理的数据，数据类型决定了数据的存储形式、取值范围以及允许进行的运算。C 语言提供的数据类型如图 2.1 所示。

- 数据类型
  - 基本类型
    - 整型
      - 短整型 short
      - 整型 int
      - 长整型 long
    - 实型
      - 单精度型 float
      - 双精度型 double
    - 字符型 char
  - 构造类型
    - 数组类型 []
    - 指针类型 *
    - 结构体类型 struct
    - 共用体类型 union
    - 枚举类型 enum
  - 空类型 void

图 2.1 C 语言的数据类型

C 语言的基本数据类型有三种：整型、实型、字符型，分别用于描述整数、实数、符号型数据。例如，例 2.1 中的身高（单位是米）是实数，所以可用实型变量 height 表示。

思考：一个人的年龄、性别分别需要用什么类型表示？

2.2.2 常量和变量

思考：例 2.1 中，为什么身高、体重和指数用三个实型（float）变量表示，而正常范围则用实型常量（18.5 和 24.9）表示？

任何类型的数据在程序中有两种表现形式：常量和变量。

1. 常量

常量是在程序执行期间其值不能被改变的量，即常数。例如，

- 2、1500 和-3 是整型常量。
- 2.5 和-5.78 是实型常量。
- 'A'和'*'是字符型常量。

常量在程序中不必进行任何说明就可以直接使用，其类型一般从其字面形式即可判断。

2. 符号常量

符号常量是一类特殊的常量，即用#define 命令定义一个标识符，其代表一个有特殊意义的常量，其值在程序的运行过程中也是不能改变的。

例 2.2 输入圆柱体的底面半径和高，计算其体积。

案例分析：程序要处理的数据有 4 个，半径、柱高、体积、圆周率。数据处理的流程：输入半径和柱高，计算体积，输出结果。

源程序：

```
#include <stdio.h>
#define PI 3.1415926                              //定义符号常量
int main()
{
    double radius,height,volume;
    printf("输入圆柱体底面半径和柱高：");
    scanf("%lf%lf",&radius,&height);              //输入半径和柱高
    volume = PI*radius*radius*height;             //计算体积
    printf("圆柱体的体积：%4.2f\n",volume);        //输出结果
    return 0;
}
```

运行结果：

```
输入圆柱体底面半径和柱高：1 3
圆柱体的体积：9.42
```

本例中用语句“#define PI 3.1415926”定义了符号常量 PI，它代表常量 3.1415926。程序编译时首先进行预处理，将程序中出现的每一个 PI 都用 3.1415926 替换。

既然与在程序中直接使用 3.1415926 效果相同，那为什么要使用符号常量呢？主要有由于以下两点。

（1）提高程序的可读性。例如，在程序中用 PI 代表圆周率比直接用 3.1415926 更直观；使用 EOF（代表-1）表示文件结束标识比直接用-1 可读性更强。

（2）减少输入工作量，且便于修改。若程序中多次使用一个常量，特别是位数较多的常

量，反复输入很麻烦，而且容易出错。使用符号常量可以“输入一次，多次使用”，并且可实现“一改全改”。例如，若程序中圆周率的值需精确到小数点后两位，则只需将第一行的符号常量定义更改为“#define PI 3.14”即可，而不必在程序中使用该常量的地方逐一修改。

特别提示：

- 符号常量名一般用大写，而变量名一般用小写，以示区别。
- 符号常量必须先定义、后使用。比如程序中的 PI。
- 符号常量的定义放在函数的前面，且语句末尾没有分号。

3. 变量

变量是在程序运行期间其值可以改变的量。

变量是用来保存数据的，在内存中占据一定的存储单元，该单元中的数据就是变量的值，每个变量都有一个名字。如图 2.2 所示，x 是变量名，矩形框表示某个存储单元，单元中的数据 5 即变量 x 的值。

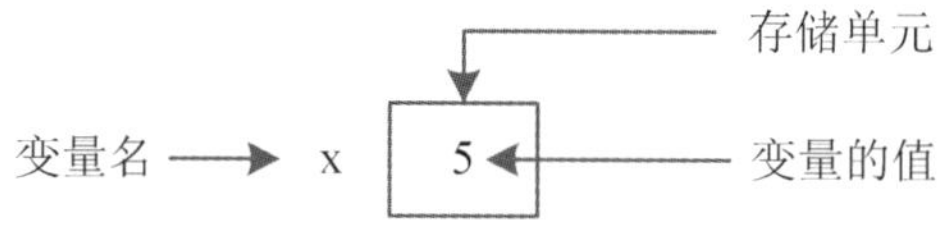

图 2.2　变量

变量就是存放数据的容器。变量所对应的存储单元的大小由变量的类型决定。例如，在 Visual C++中，一个 int 型变量的存储单元是 4 个字节，而一个 double 型变量的存储单元是 8 个字节。变量必须“先定义，后使用”。若使用没有定义的变量名，编译时会提示“undeclared identifier”（未定义的标识符）错误信息。

变量名是一个标识符，必须遵循 C 语言中标识符的命名规则。

特别提示：编程时，若要处理的数据是常数，则用常量表示，如果该常数有特殊的意义，可定义为符号常量；若要处理的数据在编程时是未知数，比如需要用户输入的半径、柱高等，则用变量表示。

4. 变量的定义及初始化

变量定义的一般格式：

```
类型　变量表;
```

例如，例 2.2 中的语句

```
double radius,height,volume;
```

定义了三个 double 类型的变量，一次定义多个变量时，变量之间用逗号分隔。

变量的初始化是指在定义变量的同时给变量赋初值，而且初值必须是确定的值。例如，

```
int age=20,num=5;        //定义整型变量 age 和 num，初值分别为 20 和 5
float x=11.3;            //定义实型变量 x，初值为 11.3
```

数据类型决定了数据的存储形式、取值范围和允许进行的操作。在学习数据类型时，主要掌握每种类型的常量的表示、变量的定义、所占存储空间的大小、取值范围，学会根据要处理的数据确定变量的类型。

思考：变量必须先定义、后使用，那么定义变量时如何确定变量的类型？比如，要输入一本教科书的印刷数量、价格、类别（用 A、B、C 等字母表示），该如何定义相应的变量？

2.2.3 整型数据

整型是用来描述整数的。

根据数据在内存中占据的存储单元的字节数，整型又可以细分为 short、int、long 三种类型。

1. 整型常量的表示

整型常量即整常数，可以用以下三种形式表示。

（1）十进制整数，如 123、+7、-234、0、15L 等。

（2）八进制整数，以 0 开头的整型常量。如 012、-011 等分别表示$(12)_8$、$(-11)_8$。

（3）十六进制整数，以 0x 开头的整数。如 0x123、0x34 分别表示$(123)_{16}$、$(34)_{16}$。

其中，长整型（long）常量的末尾以字符 L 结束，如 123L、0L 等。

2. 整型变量

整型变量是用来存放整型数据的。如下述语句所示。

```
int a,b;                    //定义整型变量 a、b
unsigned short c,d;         //定义无符号短整型变量 c、d
long e,f;                   //定义长整型变量 e、f
```

C 语言没有具体规定各类数据所占的内存字节数，通常随机器而异，一般只要求 long 型数据占据的存储单元数不小于 int 型、short 型数据占据的存储单元数不大于 int 型。如果想了解编程时所用机器中每种类型所占的实际存储单元数，可用运算符 sizeof(类型)计算，比如 sizeof(int)的结果为 4 个字节，即一个 int 型数据的取值范围是-2^{31}～（$2^{31}-1$）。

C 语言中可以用修饰符 unsigned 表示无符号整型（只表示正整数），比如 unsigned int 表示无符号 int 型。

特别提示：编程时，应根据实际要处理的数据大小合理选择具体的数据类型。通常情况下用 int 类型即可，特别大的数据可用 long 类型。

即学即练：设编程时要用变量 x 和 y 分别保存数据 500 和 190065536，如何定义 x 和 y?

2.2.4 浮点型数据

浮点型是用来描述实数的。

根据数据在内存中占据的存储单元的字节数，浮点型变量又可以细分为 float（单精度实型）、double（双精度实型）、long double（长双精度实型）三种类型。

1. 实型常量

实型常量即实数，又称浮点数。实数有小数和指数两种表示形式。

（1）十进制小数形式。在 C 语言中，实数只能用十进制表示，不能用八进制和十六进制。实数由正/负号、数字和小数点组成，而且必须有小数点，例如，

0.56，-3.79，2.0，.245。

以上数据都是小数形式的实型常量，其中最后一个数据没有整数部分。

特别提示：C 语言中将 1.25 这样的浮点型常量默认为是 double 类型的，若想表示 float 类型，需要用 1.25f 或 1.25F。

（2）指数形式。用科学计数法表示实型常量，例如，

12.5e3 表示实数 12.5×10^{3}

44e-2 表示实数 44×10^{-2}

-1.001E23 表示 -1.001×10^{23}

其中，e 或 E 前面的数被称为尾数、后面的数被称为指数。

特别提示：在指数形式的实型常量中，尾数、e（E）、指数三者缺一不可，要求指数必须是整数。

即学即练：以下 5 个实型常量中，哪个是错误的？

1e3　1.8e-3　-123e-6　e3　2.1e3.5

2. 实型变量

实型变量是用来存放实型数据的，例如，

```
float a,b,c;            //定义三个单精度实型变量 a、b、c
double x=0,y=1;         //定义两个双精度实行变量 x、y 并赋初值
```

C 语言中并未具体规定每种数据类型的长度、精度和数值范围，通常因机器系统而异。在 Visual C++ 中，一个 float 类型的变量占 4 个字节的存储单元，一个 double 类型的变量占 8 个字节的存储单元，因此 double 能表示的数据范围更大一些。在实际应用中，通常根据要保存的数据的大小和精度合理选择用 float 和 double 类型，一般数据很大或精度要求较高时选用 double 型。有些版本的编译系统暂不支持 long double 类型，因此较少使用。

即学即练：如果编程时要用变量 m 和 n 表示数据 123.5 和 123.456789e10，如何定义变量 m 和 n?

2.2.5 字符型数据

字符型是用来描述符号型数据的。

计算机要处理的数据分为两大类，一类是用于表示大小的数值型数据，比如学生成绩、工资、价格等，通常用整型和实型表示；另一类是符号型数据，比如姓名、性别、电话号码等，通常用字符型表示。

1. 字符常量

C 语言中的字符常量有如下两种。

（1）用单引号括起来的一个字符，例如，'b'、'*'、'A'、'@'等都是字符常量。

（2）用单引号括起来的转义字符。转义字符是一种特殊的字符常量，它是以“\”开头的字符序列，“\”后的字符已经转变成另外的意义。例如例 2.1 中 printf 函数中的'\n'表示一个“换行”符。常用的转义字符及其功能见表 2.1。

表 2.1　常用的转义字符及其功能

字符形式	ASCII 码值	功能	字符形式	ASCII 码值	功能
\0	0	空操作	\a	7	报警
\f	12	换页	\\	92	反斜杠字符
\t	9	横向跳格	\'	39	单引号字符

续表

字符形式	ASCII 码值	功能	字符形式	ASCII 码值	功能
\b	8	退格	\"	34	双引号字符
\r	13	回车，将当前位置移至本行开头	\ddd		ASCII 码为 1～3 位 8 进制数 ddd 的字符
\n	10	换行，当前位置移至下一行开头	\xhh		ASCII 码为 1～2 位 16 进制数 hh 的字符

即学即练：以下字符数据中哪个不是合法的字符常量？

'a'，'A'，'1'，'$'，'abc'，"a"。

2. 字符变量

字符变量是用来存放字符常量的。

字符类型的说明符是 char，一个字符型变量占一个字节的存储空间，只能存放一个字符。

例 2.3 定义两个字符变量 c 和 d，用于保存字符'a'和'b'，按字符和数值两种形式输出 c 和 d 的值。

源程序：

```
#include <stdio.h>
int main()
{
    char    c, d;                      //定义字符变量 c 和 d
    c='a';   d='b';                    //将字符常量'a'和'b'分别赋给变量 c 和 d
    printf("%c      %c\n", c, d);      //输出变量 c 和 d 中的字符
    printf("%d      %d\n", c, d);      //输出变量 c 和 d 中字符的 ASCII 码值
    return 0;
}
```

运行结果：

```
a    b
97    98
```

从本例的运行结果可以看出，每个字符变量保存了一个字符，而且字符变量既可以按照字符格式（%c）输出，也可以按照整型格式（%d）输出。

思考：字符数据在存储单元中是如何表示的？为什么字符数据还可以被当作整数使用呢？

3. 字符数据的存储

我们知道，数据在计算机中都是以 0 和 1 表示的。对于数值型数据，通常是将十进制转换为二进制（关于不同进制之间的转换，请查阅相关资料），然后保存到变量对应的存储单元中。对于字符型数据，为了方便识别和处理，对常用的字符进行了编码，即美国标准信息交换代码（American Standard Code for Information Interchange，ASCII 码），它是现今全球最通用的单字节编码系统。常用字符的 ASCII 码表见附录 A。

字符变量中存放的是一个字符的 ASCII 码值（二进制形式的整数）。例如，例 2.3 中的两个字符型变量 c 和 d 的存储情况如图 2.3 所示。其中，十进制数 97（二进制数 01100001）是字符 'a' 的 ASCII 码值，十进制数 98（二进制数 01100010）是字符 'b' 的 ASCII 码值。

c	d
01100001	01100010

图 2.3　字符数据的存储

若将下述程序语句

```
c='a';   d='b';
```

改为：

```
c=97; d=98;
```

则程序的运行结果不变。因为执行“c='a';”时，实际上是将字符 'a' 的 ASCII 码值 97 赋给了变量 c，与“c=97;”等价。

4. 利用 ASCII 码的编码规律实现字符数据的处理

为了便于对字符数据的处理，字符的 ASCII 码是按一定规律编制的，比如字符'a'～'z'、字符'A'～'Z'、字符'0'～'9'的编码分别都是连续的。如图 2.3 中所示，字符'a'的 ASCII 码值是 97，则字符'b'的 ASCII 码值是 98，依次类推。字符'A'的 ASCII 码值是 65，字符'B'的 ASCII 码值是 66，因此可得出规律：大写字符和小写字符的转换可以通过加减 32 实现。例如，

```
char c='a', d;                    //定义字符变量 c、d，并给 c 赋初值'a'
d=c-32;                           //将 c 中的小写字母转换成大写字母
printf("%c   %c\n", c, d);        //输出变量 c、d 中的字符
```

上述程序段的运行结果如下：

```
a   A
```

特别提示：字符型数据和整型数据之间在 ASCII 的范围内是可以通用的，对于字符型数据的处理是可以当作整数进行运算的。例如，执行语句“d='b'+1;”后，变量 d 中的字符变为'c'。

现在可以综合运用数据类型来实现 2.2.2 节末尾提出的问题了。

例 2.4　定义变量，保存一本教科书的印刷数量、价格、类别（用 A、B、C 等字母表示），然后输出教科书的信息。

案例分析：编程要处理的数据有三个，印刷数量是整数，可以用 int 型表示；价格是实数，可以用 float 类型表示；类别是单个的符号，可以用 char 类型表示。

源程序：

```
#include <stdio.h>
int main()
{
    //定义整型、浮点型、字符型变量，分别保存教科书的印刷数量、价格、类别
    int book_amount;
    float book_price;
    char book_type;
    //给变量赋值
    book_amount=1000;
    book_price=23.5;
    book_type='B';
    //输出结果
    printf("教科书的印刷数量：%d，价格：%f，类别：%c\n",book_amount,book_price,book_type);
    return 0;
}
```

运行结果：

```
教科书的印刷数量：1000，价格：23.500000，类别：B
```

特别提示：编程时，首先分析要处理的数据，然后根据数据的属性（整数、实数、字符）确定数据的类型（整型、浮点型、字符型）；若为整型，则根据数据的大小确定更具体的类型；若为浮点型，则根据数据的大小和要求的精度确定用 float 类型还是 double 类型。

2.3　用基本运算符实现简单操作

在例 2.1 中，用下述语句实现了身高体重指数的计算。计算过程是使用乘法运算符（*）和除法运算符（/）实现的。

```
bmi=(float)weight/(height*height);
```

运算符规定了对数据的基本操作。C 语言提供了丰富的运算符，除了流程控制语句和输入输出操作外，其他几乎所有的基本操作都是通过运算符实现的。

C 语言中的运算符及其特性见附录 C。本章主要介绍算术运算符和赋值运算符，其他运算符在以后章节中随着应用需要将陆续介绍。

表达式是根据数据处理的需要，由常量、变量、运算符等组合而成的式子。表达式的计算结果即表达式的值。

学习运算符与表达式，应重点掌握各运算符的功能、优先级和结合方向，以及对操作数的类型的限制。

2.3.1　算术运算符和算术表达式

问题：如何用 C 语言的语句实现下面数学式子表示的数据运算？

（1）$\dfrac{a+b}{a-b}$　　（2）$\dfrac{a+b}{x\times y}$

（3）3a+5sin2x　　（4）3×a+5×sin(2×x)

（5）$\dfrac{-b+\sqrt{b^2-4ac}}{2a}$　　（6）$\dfrac{a^{3.5}}{e^2+\cos 3x}$

案例分析：以上表达式中既包含简单的算术运算（加、减、乘、除），也包含复杂的函数运算（求正弦、开平方、求余弦等），可以分别用算术运算符和调用 C 语言的数学函数实现。

1. 基本的算术运算符

基本算术运算符有：+（加）、-（减）、*（乘）、/（除）、%（求余），共 5 种。前四种运算符的功能我们已很熟悉，%（取模运算符或求余运算符）的功能是实现两数相除求其余数。下述是一些表达式及其计算结果。

表达式：10%3，4/2，3+4，6*2，4/3

计算结果：1，　2，　7，　12，　1

操作对象：上述 5 种运算符均为双目运算符，即要求有两个操作数。其中前 4 种运算符的操作数可为整型或实型，而求余（%）运算符要求两个操作数必须都是整型数。

另外，运算符+（加）、-（减）也可以作为数据的正、负号，此时该运算符是单目运算符，只需一个操作数，如+567（等价于 567）、-23.9。

特别说明：C 语言中规定，两个相同类型数据的算术运算结果仍为原来的类型。例如，当两个整数相除时，结果仍为整数，小数部分自动舍去，即表达式 5/2 的值为 2，而不是 2.5。

即学即练：

（1）计算以下算术表达式的值，比较有何不同。

①25/4；②25%4；③2.5/0.5。

（2）将本节开头的问题中的数学表达式（1）和（2）改写为 C 语言的算术表达式。

2. 调用库函数实现复杂的算术运算

C 语言中没有乘方、开方、求正弦值等运算符，这些运算都是通过调用系统提供的数学类库函数来实现的，比如前面提到的数学式子“3a+5sin2x”用 C 语言的表达式描述为“3*a+5*sin(2*x)”。本表达式中既使用了基本的算术运算符（+和*），又调用了库函数 sin(2*x) 计算正弦值。更多关于数学函数的使用请参见附录 D。

特别说明：编程使用 C 语言提供的库函数时，必须在程序的开头用#include 命令包含数学函数所在的头文件，具体格式为：

```
#include <math.h>
```

即学即练：将本节开头问题中的数学式子（3）～（6）改写为 C 语言的算术表达式，所需函数请查阅附录 D。

3. 自增、自减运算符

自增（++）、自减（--）运算符是 C 语言里具有特色的两个单目运算符，操作对象只有一个，且必须是整型变量。其功能分别是使变量的值增 1、减 1。例如，

- i++（先使用 i，然后使 i 的值增 1）。
- ++i（先使 i 的值增 1，然后使用 i）。
- k--（先使用 k，然后使 k 的值减 1）。
- --k（先使 k 的值减 1，然后使用 k）。

自增、自减运算符既可以放在变量的左边（称为前缀用法），又可以放在变量的右边（称为后缀用法），但两者效果不同。使用时应特别注意。

例 2.5 阅读程序，理解自增、自减运算符的使用方法。

源程序：

```
#include <stdio.h>
int main()
{
    int i=2,j=2,k=2,h=2,m,n,x,y;
    m=i++;   n=++j;   x=k--; y=--h;
    printf("\ni=%d,m=%d,j=%d,n=%d", i, m, j, n);
    printf("\nk=%d,x=%d,h=%d,y=%d", k ,x ,h, y);
    return 0;
}
```

运行结果：

```
i=3,m=2,j=3,n=3
k=1,x=2,h=1,y=1
```

本例中，“m=i++;”等价于“m=i;i++;”，即先用变量 i 的值“2”参与表达式的赋值操作，

然后再将 i 的值增 1。其他的类似，请读者自行分析。

建议初学者尽量少用++、--运算符与其他运算符进行混合运算，必要时写成多个简单语句。比如，将“y = --h;”写成“--h; y=h;”。

4. 算术运算符的优先级和结合性

计算表达式时，先按运算符的优先级由高到低进行运算，优先级相同时按运算符的结合性进行运算。

结合性是指级别相同的运算符的执行顺序。比如表达式“2+6*3-8/2*7%3”含有多种运算符，但计算机每次只能进行一个操作。该表达式将如何逐步计算呢？

算术运算符的优先级：（由高到低的排列顺序为①②③，同一组中级别相同）

①++、--、-（负号）；②*、/、%；③+、-。

算术运算符的结合性：双目运算符的结合方向为“自左向右”，单目运算符的结合方向为“自右向左”，如“-i++”等价于“-(i++)”；建议读者尽量不要连续使用++、--、-（负号）等单目运算符，以免出现歧义，必要时加括号以示直观。

按以上规则，表达式 2+6*3-8/2*7%3 的计算过程如下：

（1）计算 6*3，结果为 18；

（2）计算 8/2，结果为 4；

（3）计算 4*7，结果为 28；

（4）计算 28%3，结果为 1；

（5）计算 2+18，结果为 20；

（6）计算 20-1，结果为 19。

2.3.2 表达式计算中的数据类型转换

如前所述，两个相同类型的数据进行算术运算后结果仍为原来的类型。但实际数据处理中，经常在一个表达式中包含不同类型的数据。例如，表达式 5 - 1.8/3 中，既有整数，又有浮点数。

问题：当一个表达式中包含不同类型的数据时，如何计算？

C 语言规定，当参加运算的两个操作数类型不同时，必须先将操作数转换为相同的类型，然后再计算。

表达式运算中数据类型的转换有两种：一种是隐式转换，即系统自动按照默认的规则进行类型转换；另一种是强制类型转换（即显式转换），当自动类型转换不能实现操作目的时，可以用强制类型转换。

1. 隐式转换

隐式转换的规则：低级别类型数据转换成高级别类型数据，结果的数据类型与转换后的操作数类型相同。

各种数据类型的级别如图 2.4 所示。图中的箭头表示各数据类型的级别及转换方向，当参加运算的两个操作数类型不同时，按此图所示进行类型转换。

例如，表达式 4*'a'+2.5-20/2 的计算过程描述如下：

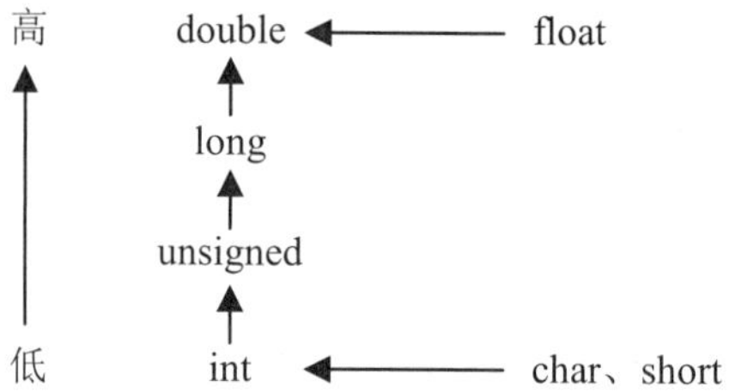

图 2.4　基本数据类型的级别与转换规则

（1）计算 4*'a'。先将字符'a'转换成 int 型数 97，计算结果为 388，整型。

（2）计算 20/2，两个操作数类型相同，不用转换，计算结果为 10，整型，此时表达式变为 388+2.5-10。

（3）计算 388+2.5，类型不同，先将 388 转换成 double 类型的 388.0，再计算，计算结果为 390.5，double 型。

（4）计算 390.5-10，类型不同，先将 10 转换为 double 类型，计算结果为 380.5，double 型。

上述类型转换是由系统自动进行的，因此称为隐式转换。

2. 强制类型转换

利用强制类型转换可以将一个表达式的值强制转换成指定的类型。这种转换是通过使用强制类型转换运算符实现的，因此又称为显式转换。其一般形式为

（类型名）（表达式）

其中，类型名是指定转换后的类型，必须用括号括起来；表达式是要转换的对象，一般也用括号括起来，只有当表达式是一个变量或常量时才可以省略括号。例如，

(int)(a+b)　　表示将 a+b 的值转换成 int 型。

(double)8　　表示将整型常量 8 转换成 double 型。

(float)x　　表示读取 x 的值并将其转换成 float 型（但 x 本身的类型不变）。

问题：什么情况下需要使用强制类型转换呢？

例 2.6　将华氏温度转换为摄氏温度。转换的公式为

$$C = \frac{5 \times (f - 32)}{9}$$

其中，C 表示摄氏温度；f 表示华氏温度。

源程序：

```
#include <stdio.h>
int main()
{
    int celsius,fahr;                //定义两个整型变量，分别表示摄氏温度和华氏温度
    fahr=100;                        //设要处理的华氏温度是 100
    celsius=5/9*(fahr-32);           //温度转换
    printf("fahr=%d,celsius=%d\n",fahr,celsius);   //输出结果
    return 0;
}
```

运行结果：

```
fahr=100,celsius=0
```

问题：结果是错误的。为什么转换后的摄氏温度是0呢？

案例分析：程序中的温度转换表达式中，首先计算5/9，结果是0，因此最后的结果就是0。

改正方法：

（1）使用强制类型转换，将表达式 celsius=5/9*(fahr-32); 改为 celsius=(float)5/9*(fahr-32); 则运行结果为

```
fahr=100,celsius=37
```

（2）使用隐式类型转换，将表达式 celsius=5/9*(fahr-32); 改为 celsius=5.0/9*(fahr-32); 则运行结果正确。

强制类型转换符是单目运算符，它的优先级高于一般的算术运算符。当使用隐式类型转换无法实现想要的结果时，需要用强制类型转换。

2.3.3 赋值运算符与赋值表达式

问题：变量是用于保存数据的，在程序中如何将数据传送给变量呢？

在前面的例题中，我们曾经用过两种方法将数据传送给变量：一是给变量赋值；二是用scanf()函数从键盘输入。本节将详细介绍如何用赋值运算符给变量送数据，关于scanf()函数的使用方法将在第3章详细介绍。

1. 赋值运算

C语言中用赋值运算符“=”将变量和表达式连接起来的赋值表达式来实现赋值操作。例如，例2.6中的fahr=100就是赋值表达式，实现的操作是将100赋给变量fahr。

赋值表达式的一般形式：

```
变量=表达式
```

赋值表达式的执行过程：

（1）计算赋值运算符右边的表达式的值。

（2）将赋值运算符右边的表达式的值赋给左边的变量。

例如，有语句 int a, b=9;，则表达式 a=b*3 的执行过程是首先计算表达式 b*3，结果是27，然后将27赋给变量a。

特别说明：赋值运算符的左边必须是一个变量，用于接收右边的表达式的值。

执行赋值运算时，若赋值运算符“=”右边表达式的值与左边变量的类型不同，系统会自动将“=”右边的数据转换成左边变量的类型，然后再赋值。例如，语句 float x=2;首先将右边的整数2转换为2.0，然后赋给变量x。

赋值运算符的优先级低于算术运算符，因此表达式“x=a/4+2”的运算顺序为：先执行“/”运算；再执行“+”运算；最后执行“=”运算。

赋值运算符的结合方向：自右向左。比如表达式“m=n=2”的运算顺序为自右向左逐步执行：先执行“n=2”；再将表达式“n=2”的值2赋给变量m。

赋值表达式的值就是赋给运算符“=”左边变量的值。

2. 复合赋值运算符与表达式

在赋值运算符“=”之前加上其他的双目运算符即构成复合赋值运算符。其作用与赋值运算符相同，优点是使表达式的书写更简练，缺点是当表达式复杂时会降低可读性，建议初学者只在简单的表达式中使用。

用复合赋值运算符组成的赋值表达式的一般形式：

变量 op= 表达式

其中，op 为某个双目运算符，+=、-=、*=等都是复合赋值运算符。其作用等价于

变量 = 变量 op (表达式)

该语句先将表达式的值与“=”左边的变量进行 op 规定的运算，然后将结果赋给“=”左边的变量。例如，

a+=8	等价于	a=a+8
b-=3+a	等价于	b=b-(3+a)
x*=y+4	等价于	x=x*(y+4)

即学即练：分析表达式“j*=3+x*4-5/2”的计算过程。

赋值表达式是 C 语言中应用最多的表达式。它不仅可以用于赋值语句中，也可应用于其他的语句中，在以后的章节中我们将进一步了解其应用。

本章介绍了数据类型的概念，并详细介绍了三种基本的数据类型（整型、实型、字符型）和最常用的运算符（算术运算符和赋值运算符）及其表达式。重点要掌握两点：①各数据类型的常量表示、变量的定义、取值范围；②各运算符的功能、优先级及结合性，表达式的正确书写及表达式的计算过程。

本章小结

1．数据类型用于描述程序中要处理的数据，运算符用于实现简单的数据处理。

2．三种基本的数据类型（整型、实型、字符型）分别用于描述整数、实数和字符数据。在应用中根据变量要保存的数据的大小及精度确定变量的类型。

3．每一种类型的数据都有常量和变量两种表现形式。变量是用于保存数据的，变量必须先定义、后使用。

4．算术运算符和表达式实现算术运算；赋值运算符和表达式实现给变量送数据的操作。使用运算符和表达式时，要注意不同运算符的优先级和结合方向。

习 题 2

一、选择题。

1．不正确的变量说明是（　　）。

A．unsigned int ui;　　B．short int s;

C．double int A;　　D．int i, j, k;

2．不合法的 C 语言整型常量是（　　）。

A．–12　　B．0x35　　C．123L　　D．8E2

3．不合法的 C 语言实型常量是（　　）。

A．E3　　B．123　　C．-6.2E4　　D．5.0

4．不合法的 C 语言字符常量是（　　）。

A．'2'　　B．'*'　　C．'AB'　　D．'\n'

5．定义三个变量 a、b、c，并分别为它们赋初值 5，能实现该功能的语句是（　　）。

A．int a=b=c=5;　　B．int a, b, c=5;

C．int a=5, b=5, c=5;　　D．int a=5; b=5; c=5;

6．下面表达式正确的是（　　）。

A．(a+b)++　　B．-(i++)　　C．7--　　D．(-k)++

7．设有以下变量定义，且各变量都已赋值，则表达式 c+a+f/d 的值的数据类型是（　　）。

```
char c; int a; float f; double d;
```

A．int　　B．float　　C．double　　D．char

8．若 x、y、z 都定义是 int 型且初值为 0，则以下不正确的赋值语句是（　　）。

A．x=y=z+10;　　B．x+=y+2;　　C．z++;　　D．x+y=z;

9．设有定义 int a=5,b=3;，则语句 printf("%d\n",a=a/b); 的输出结果是（　　）。

A．5　　B．1　　C．3　　D．2

10．执行以下语句段后，sum 的值是（　　）。

```
int num, sum;
num=7; sum=8;
sum=num++; sum++; ++num;
```

A．7　　B．8　　C．9　　D．10

二、程序分析题。

1．以下程序的运行结果是（　　）。

```
#include <stdio.h>
void main()
{
    char a;
    int b=65, d;
    a=b;
    d='a';
    printf("a=%d,%c, d=%d,%c\n", a,a,d,d);
}
```

【提示：字符'a'的 ASCII 码值是 97，字符'A'的 ASCII 码值是 65。】

思考：在什么情况下，int 型数据与 char 型数据可以通用。

2．以下程序的运行结果是（　　）。

```
#include <stdio.h>
void main()
{
    float x;
    int k;
    x=3.5;
    k=(int)x + 10;
    printf("x=%f, k=%d\n", x, k);
}
```

3．以下程序的运行结果是（　　）。

```
#include <stdio.h>
void main()
```

```
{
    int b=1 ;
    b%=5-2 ;
    printf("%d ", b);
    b+=b*=4;
    printf("%d ", b);
}
```

4．以下程序的运行结果是（　　）。

```
#include <stdio.h>
void main()
{
    int i=4, k, m;
    k=++i;
    m=i++;
    printf("i=%d, m=%d, k=%d", i, m , k);
}
```

5．以下程序的运行结果是（　　）。

```
#include <stdio.h>
void main()
{
    int k=15, j=10;
    k=k - j++;
    printf("j=%d, k=%d\n", j, k);
}
```

第 3 章　简单输入输出

本章导读

编程实现数据处理的一般过程包括输入数据、处理数据、输出结果，因此输入输出数据是数据处理中最常用的基本操作，也是人机交互的重要途径。本章主要结合案例介绍简单的输入、输出函数的使用，包括格式化输入函数 scanf()、格式化输出函数 printf()、输入字符函数 getchar()、输出字符函数 putchar()，实现从键盘输入数据、将结果输出到显示器。编程时要根据待处理的数据的类型和格式需要合理选择不同的输入输出函数、设置合适的格式控制符。

本章要点

- 如何实现从键盘输入数据和将结果输出到显示器。
- 使用标准的输入输出函数时，如何根据数据类型选用不同的格式控制符。
- 如何实现单个字符的输入和输出。

3.1　输入输出问题

例 3.1　输入一个圆的半径，计算圆的面积和周长。

案例分析：

（1）程序要处理的数据：半径（radius）、周长（length）、面积（area）。

（2）算法（数据处理流程）：输入半径、计算周长和面积、输出结果。

源程序：

```
#define PI 3.1415926
#include <stdio.h>
int main()
{
    double  radius, length, area;          //定义变量
    printf("enter the radius:");           //提示用户输入
    scanf("%lf", &radius);                 //输入半径
    length=2*PI*radius;                    //计算周长
    area=PI*radius*radius;                 //计算面积
    printf("radius=%f, length=%6.2f, area=%6.2f \n",radius,length,area);   //输出结果
    return 0;
}
```

运行结果：

```
enter the radius:1
radius=1.000000, length= 6.28, area= 3.14
```

本例中，用 scanf()函数实现了半径的输入、用 printf()函数实现了结果的输出，并且输出时用"radius=%f, length=%6.2f, area=%6.2f/n"字符串规定了输出结果的格式。

在学习使用输入输出函数前，需要先弄清楚以下两个问题：

（1）正确理解输入输出的基本过程。

（2）C 语言中如何实现输入输出。

1. 输入输出的概念

输入输出是相对于计算机的内存而言的。如图 3.1 所示，输入是指从计算机的外部设备（键盘、鼠标、磁盘、光盘、扫描仪等）将数据读入内存；输出是指将数据从内存送到外设（显示器、打印机、磁盘等）。正在运行的程序以及程序中的变量都是存储在内存中的。例 3.1 中通过键盘将半径的值送给变量 radius 称为“输入”；将变量 length 和 area 的值送到显示器称为“输出”。

图 3.1　输入输出过程示意

实际上，输入输出的过程是通过缓冲区来实现的。从键盘输入时，数据首先被送到缓冲区，然后由输入函数从缓冲区将数据取走；将结果输出到显示器时，输出函数也是先将数据输出到缓冲区，然后交给设备驱动程序进行处理。

C 语言中的标准输入输出设备约定为用户终端，即键盘和显示器。

2. C 语言中如何实现输入输出

C 语言本身没有专门的输入输出语句，输入输出操作是通过函数调用来实现的。C 语言系统提供了丰富的库函数，每个函数实现特定的功能。

为使用方便，C 语言系统对库函数分类存放，同一类函数的相关信息包含在一个“头文件”中。例如，输入输出函数的头文件是“stdio.h”（Standard in out header 的缩写），数学函数的头文件是“math.h”。

编程时，可直接调用库函数实现特定的功能。但必须先将该函数所在的头文件包含进源程序中。例如，要使用输入输出函数，必须在源程序的开头使用下列命令：

```
#include <stdio.h>
```

特别说明：调用输入函数时应该明确：数据从哪儿输入（默认为键盘），以什么格式输入，输入的数据存放在哪里。调用输出函数时应该明确：要输出什么内容，按什么格式输出，输出到哪个设备（默认为显示器）。

3.2　格式化输入输出

格式化输入输出函数（scanf()和 printf()）不仅可以处理各种类型的数据，而且能够在一次函数调用中处理多个数据，更重要的是输入输出格式可以通过编程来设定，因此在程序中被广泛应用。

格式化输入输出函数中所指的外设是标准的输入输出设备，即键盘和显示器。

3.2.1 格式化输出函数 printf()

printf()函数的功能是按照规定的格式输出多个数据。其一般调用格式如下：

```
printf("输出格式字符串", 输出表列);
```

其中，第一个参数是输出格式字符串，规定了数据的输出格式；第二个参数是输出表列，列出了需要输出的数据或表达式，各个输出项之间用逗号分开。例如语句

```
printf("radius=%f, length=%6.2f, area=%6.2f \n",radius,length,area);
```

其输出结果是

```
radius=1.000000, length=  6.28, area=  3.14
```

上述输出语句的输出表列有 3 项，分别由输出格式字符串中的“%f”“%6.2f”和“%6.2f”控制数据的输出格式。即三个数据都按照实型的格式输出，且后两项输出时占 6 列字符的宽度、小数点后保留两位小数。

思考：如何根据输出表列中的输出项确定对应的格式控制符？如何设置输出格式字符串中的其他字符？

（1）输出格式字符串中包含两类字符：格式控制符和普通字符。

格式控制符：由“%”和格式字符组成（如%f、%d 等），其作用是控制输出项按指定的格式输出，常用的格式字符见表 3.1。

普通字符：需要原样输出的字符，目的是使得输出结果更便于用户理解，比如上面 printf 函数中的“radius=”“length=”“area=”“\n”等。

表 3.1 printf()函数的格式字符

格式字符	含义
d	以带符号的十进制形式输出整数（正数不输出符号）
o	以无符号的八进制形式输出整数（不输出前导符 0）
x，X	以十六进制无符号形式输出整数（不输出前导符 0x）
u	以无符号十进制形式输出整数
c	以字符形式输出一个字符
s	输出字符串
f	以小数形式输出单、双精度实数，隐含输出 6 位小数
e，E	以指数形式输出实数，如用 E 时，输出 1.2E3
g，G	自动选用%f 和%e 格式中输出宽度较短的一种，不输出无意义的 0

建议初学者先掌握最常用的格式字符（如 d、f、c、s）的使用，其他的需要时可先查表，逐渐掌握。

（2）输出表列中的每个输出项必须对应格式字符串中的一个格式控制符，且格式控制符必须与输出项的类型相符。例如，变量 radius 是 double 类型，因此输出格式控制符用“%f”。

（3）输出时，普通字符原样输出，输出表列中的数据项则显示在对应的格式控制符的位置。

（4）当 printf()函数中没有输出表列时，原样输出格式字符串中的普通字符。该功能通常

用来输出提示信息，例如，

```
printf("enter the radius:");
```

该语句提示用户输入一个半径。若去掉该语句，则程序运行至 scanf("%lf", &radius);语句时，屏幕上只有一个光标在闪动，等待用户输入（用户如何能知道要做什么操作呢？）。

（5）用附加格式说明符控制输出数据的宽度、小数位数、对齐方式等更具体的格式。例如，

```
printf("radius=%f, length=%6.2f, area=%6.2f \n",radius,length,area);
```

该语句中用“%6.2f”控制输出的 length 和 area 的格式：按 6 列宽度、小数点后保留两位的格式输出实数。数据 radius 对应的格式控制符是“%f”，没有设置输出数据的宽度，则按系统默认的格式输出，即整数部分按实际位数输出、小数点后保留 6 列小数位，结果为 radius=1.000000。

附加格式说明符插在“%”与格式字符之间，常见的附加格式说明符见表 3.2。

表 3.2　附加格式说明符

说明符	使用格式	说　　明
字母 l	%l 格式字符	用于整型（d、o、x、u），输出长整型；用于实型（f），输出双精度型
正整数 m	%m 格式字符	设定数据的最小宽度，当实际宽度大于 m 时，按实际输出
正整数 n	%.n 格式字符	用于实型，表示小数位数；用于字符串，表示截取的字符个数
-	%-格式信息	输出的数据在规定的域宽内左对齐，缺省为右对齐

特别提示：输出表列中的各项与控制串中的格式控制项必须一一对应，即一个控制项对应一个输出项，并且要求输出项的类型与格式说明匹配，否则运行时会出错。

例 3.2　输入两个整数，计算两数之和，并按照“4+5=9”的格式输出结果。要求：输入前要有提示信息，输出数据的宽度占 4 列。

源程序：

```
#include <stdio.h>
int main()
{
    int op1,op2,sum;
    printf("enter 2 integers:");              //提示用户
    scanf("%d%d", &op1,&op2);                 //输入 2 个操作数
    sum=op1+op2;                              //计算周长
    printf("%4d+%4d=%4d\n",op1,op2,sum);      //输出结果
    return 0;
}
```

运行结果：

```
enter 2 integers:4 5
   4+   5=   9
```

即学即练：本例的运行结果中，3 个数据项都是按“右对齐”的方式输出的，如何改为“左对齐”？

特别提示：正确使用 printf()函数的技巧有三点：首先确定输出表列；其次设置每个输出表项对应的格式控制符；最后根据输出需要添加普通字符。

3.2.2 格式化输入函数 scanf()

scanf()函数的功能是按指定的格式读取从标准输入设备（键盘）输入的数据，并存放到地址项所指的单元（或变量）中。一般调用格式如下：

```
scanf("输入格式字符串", 地址表列);
```

scanf()函数的参数也包含两部分：输入格式字符串和地址表列。其中，输入格式字符串规定了用户输入数据的格式，地址表列确定了接收数据的变量。例如，例 3.2 中的语句

```
scanf("%d%d", &op1,&op2);
```

表示要输入两个数据，分别送给 op1 和 op2，输入格式字符串“%d%d”规定了输入的数据为整数。本语句中的格式字符串中没有普通字符，因此系统默认的输出格式为以空格或回车作为分隔符，输入两个整数。

scanf()函数的格式控制符与 printf()函数中的类似，但普通字符的使用却完全不同。

例 3.3 阅读并运行以下程序，理解 scanf()函数的使用技巧。

```
#include <stdio.h>
int main()
{
    int a,b, x,y;
    printf("输入两个整数，用空格或回车分隔：");
    scanf("%d%d", &a, &b);
    printf("输入两个整数，按 4,5 的格式：");
    scanf("%d,%d",&x, &y);
    printf("a=%d,b=%d,x=%d,y=%d,c=%d,d=%d\n", a, b, x, y);
    return 0;
}
```

运行结果：

```
输入两个整数，用空格或回车分隔：4 5
输入两个整数，按 4,5 的格式：6,7
a=4,b=5,x=6,y=7
```

下面结合例 3.3，理解 scanf()函数的使用方法。

（1）格式控制符，由“%”和格式字符组成（如%f、%d 等)，规定了输入数据的格式。常用的格式字符见表 3.3。数据的输入格式必须与地址表列中接收数据的变量的类型一致。例如，例 3.3 中变量 a 和 b 是整型的，因此对应的格式控制符必须用“%d%d”。

表 3.3 scanf()函数的常用格式字符

格式字符	含　义
d	读入有符号的十进制形式的整数
c	读入一个字符
f	读入小数形式或指数形式的实数
o	读入八进制形式的整数

续表

格式字符	含　　义
x，X	读入十六进制形式的整数
u	读入无符号十进制形式的整数
s	读入一个字符串（从输入序列的第一个字符起，遇到空格或回车表示字符串结束，系统自动在末尾加上字符串结束标志'\0'）

（2）普通字符，用于设置输入数据之间的间隔字符，要求用户必须一一对应输入。如例 3.3 中的语句

```
scanf("%d,%d",&x, &y);
```

其两个格式控制符“%d”之间的逗号是普通字符，输入时必须严格按照“4,5”的格式在两数之间输入逗号，且中间不能有空格等其他字符，否则不能正确输入。

因此，编程时，除非特别需要，一般不要随意使用普通字符。

（3）地址表列，指出数据存放的目的地，例如，“&a”是变量 a 的存储单元的地址。多个地址之间用逗号分开。

（4）附加格式说明符的使用。在 scanf()函数中，也可以通过附加格式控制符设定输入格式，最常用的是用“%lf”控制输入 double 类型数据，用“%ld”控制输入 long 类型的数据。例如，

```
long data1;
double data2;
printf("输入一个整数和一个实数，用空格或回车分隔：");
scanf("%ld%lf", &data1, &data2);
```

特别提示：使用 scanf()函数时，应注意以下几点：

- 格式控制项应与输入项一一对应且类型匹配。
- 输入数值数据时，系统默认的数据分隔符是回车或空格。
- 除非特别需要，格式控制项中不要包含普通字符。
- 地址表列中是变量的地址，正确理解变量 x 与变量的地址&x 的区别。
- 在输入函数前用 printf()函数输出提示信息，提示用户如何输入。

3.3　字符输入输出

单个字符的输入输出通常用函数 getchar()和 putchar()实现。其特点是一次只能处理一个字符、没有格式控制。

例 3.4　从键盘输入 2 个小写字母，转换成大写字母并输出。

```
#include <stdio.h>
int main()
{
    char ch1,ch2;
    printf("连续输入 2 个小写字母：");
    ch1=getchar();              //读取一个字符
    ch2=getchar();
```

```
    ch1-=32;                //将小写字母转换为大写字母
    ch2-=32;
    printf("转换后的字母：%c，%c\n", ch1, ch2);    //按格式输出 2 个字符
    putchar(ch1);           //输出一个字符
    putchar(ch2);
    return 0;
}
```

运行结果：

```
连续输入 2 个小写字母：ab
转换后的字母：A，B
AB
```

本例中用 getchar()函数读取输入的字符，用 printf()函数输出转换后的字符，再用 putchar()输出字符。其中，小写字母转换为大写字母是通过字符的 ASCII 码的运算实现的，大写字母与小写字母的 ASCII 码值之差为 32，比如字符'a'和'A'的 ASCII 码值分别为 97 和 65。

1. putchar()函数

putchar()函数的功能是输出一个字符到显示器的当前光标位置。一般调用格式如下：

```
putchar(c);
```

其中，参数 c 是要输出的字符，它可以是字符型或整型的常量和变量。当 c 为整型时，其值是要输出的字符的 ASCII 码值，范围为 0～255。例如，putchar('A');与 putchar(65);功能相同。

2. getchar()函数

getchar()函数的功能是从标准输入设备（一般指键盘）读取一个字符，返回该字符的 ASCII 码，一般调用格式如下：

```
getchar( );
```

getchar()函数的最常见用法：用于读取一个有用的字符，实现字符数据的输入。例如，

```
char ch;
ch=getchar();
```

3.4 综合应用

1. 关于 scanf()函数的输入格式问题

例 3.5 输入三个整数，分别采用不同的输入格式字符串，请分析如何才能正确输入数据。

（1）第一种情况：输入格式字符串中只有格式控制符，输入数据默认的分隔符为空格或回车符。

```
#include <stdio.h>
int main()
{
    int a,b,c;
    printf("输入 3 个整数：");
    scanf("%d%d%d",&a,&b,&c);
    printf("a=%d,b=%d,c=%d\n", a,b,c);
    return 0;
}
```

运行结果 1：

```
输入 3 个整数：3 4 5
a=3,b=4,c=5
```

运行结果 2：

```
输入 3 个整数：
3
4
5
a=3,b=4,c=5
```

对于本例中的输入格式字符串"%d%d%d"，只要输入数据之间用空格或回车分隔即可，而且可以用多个连续的分隔符。因为输入格式中只包含"%d%d%d"，scanf()函数会跳过分隔符，读取有效数字。

（2）第二种情况：输入格式字符串中包含格式控制符和普通字符，输入数据必须严格按照规定的格式输入有效数据和普通字符。

```
#include <stdio.h>
int main()
{
    int a,b,c;
    printf("输入 3 个整数：");
    scanf("a=%d,b=%d,c=%d",&a,&b,&c);
    printf("a=%d,b=%d,c=%d\n", a,b,c);
    return 0;
}
```

运行结果：

```
输入 3 个整数：a=3,b=4,c=5
a=3,b=4,c=5
```

对于本例中的格式字符串"a=%d,b=%d,c=%d"，只有上述一种输入格式是正确的，即格式字符串中的普通字符必须按顺序输入，即使多一个空格也会出错。

因此，通常在程序中不轻易使用带普通字符的格式字符串。输入格式字符串中的普通字符通常用来作为输入密码时使用。

2. 关于混合数据的输入问题

例 3.6 输入某商品的编号（整型）、类别（A～Z 字符型）、价格（实型），并输出该信息。

（1）第一种方法，分别用 scanf()和 getchar()输入数值数据和字符数据，并用 getchar()读取多余的回车符。

```
#include <stdio.h>
int main()
{
    int num;    char class1;   float price;
    printf("enter No:   ");
    scanf("%d" , &num);   getchar( );      //用 getchar()读取回车符
    printf("enter class（A～Z）：");
    class1 = getchar( );   getchar( );         //用 getchar()读取回车符
```

```
    printf("enter price: ");
    scanf("%f" , &price); getchar();          //用 getchar()读取回车符
    printf(" No=%d，class = %c，price=%6.2f\n" , num, class1, price );
    return 0;
}
```

运行结果：

```
enter No:   102
enter class（A～Z）：B
enter price: 35.9
No=102，class = B，price= 35.90
```

本例中“输入数据”的实现方式有如下特点。

1）每次输入一个数据，且输入之前用 printf()给出提示信息，方便用户操作。

2）数值数据用 scanf()输入，字符用 getchar()输入。

3）每次输入后，用 getchar()读取多余的回车符。由于每次输入数据时都要以回车结束，因此，用 scanf()读取数值数据后，回车符还留在缓冲区中，当后面的语句要读取字符时，会将此回车符当作有效数据读入。在用户界面上出现的情况是读取字符的语句自动跳过，并未等待用户输入。例如，将本例中读取回车符的 getchar()都去掉，运行结果如下：

```
enter No:   103
enter class（A～Z）：enter price: 34.5
 No=103，class =
，price= 34.50
```

此运行结果的实现过程如下：

- 执行 scanf("%d", &num);语句时，输入 103（回车），scanf()函数将 103 读取后赋给 num，而回车符仍然留在缓冲区中。
- 执行 class1 = getchar();语句时，将缓冲区中的回车符（'\n'）作为有效字符读取后赋给 class1，因此不需要等待用户输入就完成了读入字符的语句。
- 执行 scanf("%f" , &price);语句时，此时缓冲区中已无数据可读，等待用户输入（价格）。
- 执行 printf("no=%d, class = %c,price–%6.2f\n" , num, class1, price);语句时，从运行结果可看出，class1 的值为空，在" %c"的位置输出了一个换行符。

由上述可见，用 getchar()读取多余的回车符是非常有必要的。

（2）第二种方法，用一个 scanf()语句输入多个数据，结果很难正确输入。

```
#include <stdio.h>
int main()
{
    int num; char class1; float price;
    printf("enter No，class（A～Z），price:");
    scanf("%d%c%f", &num,&class1,&price);    getchar();
    printf(" No=%d, class = %c,price=%6.2f\n" , num, class1, price);
    return 0;
}
```

运行结果：

```
enter No，class（A～Z），price:1004B98.5
No=1004，class = B，price= 98.50
```

本例中，上述运行结果的输入数据（1004B98.5）是唯一正确的方式。除此之外，其他的输入格式都会出错。由于 scanf()中包含数值数据和字符数据的输入格式，因此空格也会被当作有效输入读入。

即学即练：改变例 3.6 中第二种方法的程序的输入数据格式，看看输出结果如何？

很明显，与第一种方法的每次输入一个数据相比，第二种输入方法的输入数据不但可读性差，而且很容易出错。

特别提示：输入混合数据时，应采用第一种方法：每个数据单独输入，数值数据用 scanf()函数输入，字符数据用 getchar()输入，并且在每次输入后要用 getchar()读取多余的回车符（这是输入操作的好习惯，不管是否有混合数据输入，都要及时地读取掉多余的回车符）。

本章小结

1．输入输出是程序中最常用的操作，默认的输入和输出设备是键盘和显示器。

2．格式化输入和输出函数（scanf()和 printf()）能处理各种基本类型的数据，而且每次能处理多个数据。格式字符串的设置需根据要输入或输出的数据的类型来确定。

3．字符输入和输出函数（getchar()和 putchar()）每次只能输入或输出一个字符。

4．格式化输入输出的格式控制符有很多，建议初学者首先掌握几个常用的控制符，其他的可在以后的使用中逐步掌握。

5．混合数据输入时，要合理使用 scanf()函数和 getchar()函数。

习 题 3

一、程序分析题。

1．下列程序的运行结果为（　　）。

```
#include <stdio.h>
int main()
{
    char c1='p',c2='i',c3='g';
    printf("%c%c%c\n",c1+1,c2+2,c3+3);
    return 0;
}
```

2．下列程序的运行结果为（　　）。

```
#include <stdio.h>
void main()
{
    int a=5, b=7,c=11;
    double average;
    average=(a+b+c)/3;
    printf("( %d+ %d+ %d)/3=%6.2f\n",a,b,c,average);
}
```

【提示：两个整数运算后结果仍为整数。】

思考：如何修改程序，能得到保留两位小数的平均数？

3．分析下面程序的运行结果，并按要求上机调试验证，理解整型、实型、字符型数据的输出。

```
#include <stdio.h>
void main()
{
    int a=10; float x=25.66; long s=132000;
    char ch='A';
    printf("a=%d, x=%f\n", a, x);
    printf("s=%ld, ch=%c\n", s, ch);
}
```

问题：

（1）若用%d 代替%ld，结果如何？为什么？

（2）若用%d 代替%f，结果如何？为什么？

（3）若将控制符去掉一个，结果如何？为什么？

4．分析下面程序，分别使用下列各种输入方法上机调试，写出其运行结果并分析原因。

```
#include <stdio.h>
void main()
{
    int a, b; float x, y; char c2, c3;
    scanf("a=%d   b=%d", &a, &b);        /*%d 与 b 之间有一空格*/
    scanf("%f   %e", &x ,&y);            /*%f 和%e 之间有一空格*/
    scanf("%c   %c",&c2,&c3);            /*两个%c 之间有一空格*/
    printf("\na=%d, b=%d, x=%f, y=%f,c2=%c.c3=%c",a,b,x,y,c2,c3);
}
```

（1）输入：a=3_b=7_88_77.7A_a↙　　[注：_ 表示空格，↙表示回车]

（2）输入：a=3_b=7　88_77.7A_a↙

（3）输入：a=3_b=7↙88_77.7↙A_a↙

（4）输入：a=3_b=7_88_77.7_A_a↙

【提示：注意数据分隔符及回车符的使用。】

5．按要求调试程序，分析错误原因并改正。

```
#include <stdio.h>
void main()
{  int a,b;
   scanf("%d%d, &a, &b) ;
   printf("a=%d, b=%d", a, b);
}
```

（1）编译时出现如下错误：

```
Error [文件名略] 3: Expression syntax in function main
Error [文件名略] 3: Unterminated string or character constant in function
```

（2）运行该程序时，要实现给 a、b 分别赋值 100、200，如何输入？

二、程序设计题。

1．输入两个整数 x 和 y，交换两个变量的值，分别输出交换前和交换后的两个变量的值。运行结果格式要求如下：

输入两个整数 x 和 y：4　5

交换前：x=4，y=5

交换后：x=4，y=5

2．设圆柱的半径 r 为 2.5，圆柱高 h 为 4，计算圆柱的表面积和体积。输出时要求有必要的文字说明，小数点后取两位数字。

3．某电力公司规定的居民用电的电价是 0.56 元/千瓦时。编程实现：输入用户的月用电量（千瓦时），计算并输出该用户应支付的电费（单位：元）。要求有输入提示信息和输出结果说明信息，输出结果取两位小数。

4．输入直角三角形的两条直角边的边长，计算三角形的周长和面积。

第 4 章　选择结构程序设计

本章导读

本章首先提出实际编程中经常遇到的分支问题，然后结合实例分析用选择结构程序解决分支问题的思路；先分析分支问题，得到对应的选择结构，再用选择结构语句实现选择结构程序。在编写程序的过程中，要学会正确使用关系表达式或逻辑表达式表示选择结构中的“条件”。C 语言中用 if 语句或 switch 语句编写选择结构程序，其中 if 语句可以实现简单的分支结构和复杂的多分支结构，而 switch 语句适用于部分特殊的多分支结构。

本章要点

- 用选择结构描述分支问题。
- 用关系表达式表示简单条件，用逻辑表达式表示复杂条件。
- 用 if 语句实现二分支或多分支选择结构。
- 用 switch 语句实现部分特殊的多分支选择结构。

4.1　分支问题与选择结构

在实际应用中，我们经常遇到以下带有条件判断的问题。

问题 1：判断奇偶数。如果一个整数 n 能被 2 整除，则该整数是偶数，否则是奇数。

问题 2：高考录取问题。某学校英语专业的录取要求：如果某生的高考成绩达到（大于或等于）分数线（530 分）并且英语成绩达到 90 分，那么他就可以被录取；否则，他将不被录取。

问题 3：猜价格游戏。用户输入所猜商品的价格，程序判断是否猜对。若用户输入价格与程序中事先设定的商品价格相等，则提示用户“恭喜您，猜对了！”；否则，提示用户“猜错了”，并提示“高了”还是“低了”。

问题 4：成绩等级评定问题。学生的毕业设计过程成绩用百分制表示，而最终成绩要用五级计分制表示，因此需要根据学生的百分制成绩按照以下规则确定其成绩等级：[90～100]为“优秀”，[80～90)为“良好”，[70～80)为“中等”，[60～70)为“及格”，60 以下为“不及格”。

诸如此类的问题举不胜举，它们的共同点是需要根据条件来做出判断，决定从给定的两个或几个操作中选择其中一个执行。

在程序设计中，用选择结构来描述带有条件判断的分支问题。如何分析分支问题并用选择结构来描述呢？

根据前面的算法学习我们知道，一个完整的选择结构如图 4.1 所示。它包含 3 部分：条件表达式、条件成立时应执行的操作 A、条件不成立时应执行的操作 B。

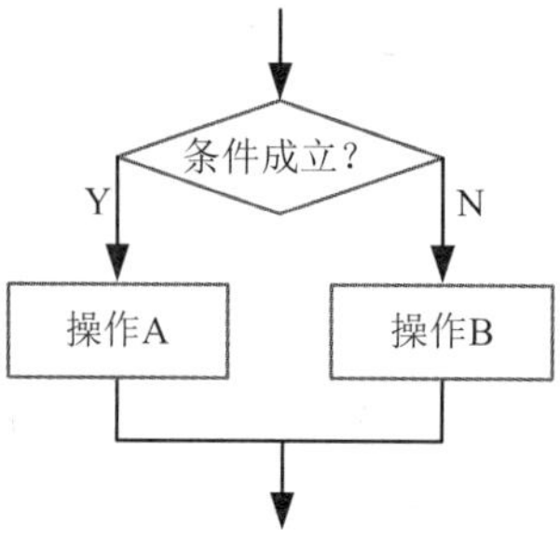

图 4.1　选择结构

因此，我们可以归纳出分支问题的如下两个分析要点。

（1）条件是什么。

（2）条件成立和不成立时分别执行什么操作。

例如，对于上面的问题 1，可做如下分析：

1）确定条件“n 能被 2 整除”，即“n 除以 2 余数为 0”。

2）根据条件找出对应的操作：若条件成立，则输出“n 是偶数”；否则输出“n 是奇数”。

根据以上分析画出问题 1 对应的选择结构如图 4.2 所示。

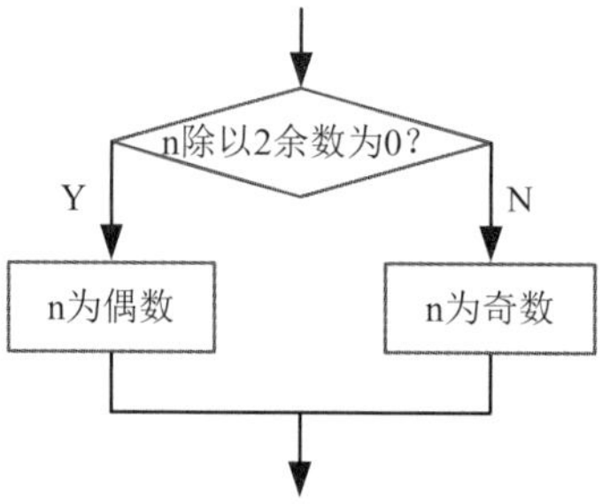

图 4.2　判断奇偶数的选择结构

即学即练：分析问题 2，找出该选择结构的“条件”和“成立时的操作与不成立时的操作”，并画出选择结构图。

思考：问题 3 和问题 4 有多个分支，如何进行分析？（详见例 4.4 用 if 语句实现多分支结构）

4.2　条件的表示

当我们将具体的分支问题用选择结构描述出来之后，就可以用 C 语言的相关语句编写选择结构的程序了。

例 4.1　判断一个整数 n 是奇数还是偶数（n 由用户输入）。

源程序：

```
#include <stdio.h>
int main()
```

```
{
    int n;                                  //n 表示用户输入的整数
    printf("\n enter int n:");              //输出提示信息
    scanf("%d", &n);                        //输入一个整数保存在 n 中
    if( n%2==0)                             //条件表达式：n%2 == 0
        printf("%d is even number.\n", n);  //条件成立时执行的操作 A：n 是偶数
    else
        printf("%d is odd number.\n", n);   //条件不成立时执行的操作 B：n 是奇数
    return 0;
}
```

例 4.1 中的条件“n 能被 2 整除”在程序中用关系表达式“n%2 == 0”表示，“==”为关系运算符，表示对参加运算的两个数进行“相等”的比较。

从本例可以看出，选择结构可以用 if 语句描述。使用 if 语句编程时首先要解决的问题是如何表示选择结构中的“条件”。

C 语言提供了关系表达式和逻辑表达式来表示选择结构中的“条件”。

4.2.1 关系运算符和关系表达式

如何用 C 语言的表达式表示下面的条件？

（1）x 大于 10。

（2）x 不等于 0。

（3）成绩 score 大于等于 60。

（4）两个变量 a 和 b 的和小于其乘积。

以上条件都是对两个操作数进行比较，我们称其“简单条件”，可用关系表达式进行表示。

关系运算符用于实现比较运算，即将两个相同类型的数据进行比较；关系表达式是用关系运算符将两个表达式连接起来的式子。

C 语言中的关系运算符有 6 种，具体见表 4.1。

表 4.1 关系运算符

运算符	<	<=	>	>=	==	!=
功能	小于	小于或等于	大于	大于或等于	等于	不等于

上述 4 个条件可相应地用如下关系表达式进行表示。

（1）x>10

（2）x!= 0

（3）score>=60

（4）a+b <a*b

关系运算符都是双目运算符，结合方向为从左向右。

关系表达式的值（即比较结果）是一个逻辑值：“真”或“假”，分别表示“条件成立”或“条件不成立”。

特别提示：任何条件判断的结果只有两种情况：条件成立或不成立，这是一个逻辑值。若条件表达式的结果为非 0 值，则结果为“真”，表示条件成立；否则为“假”，表示条件不成

立。C 语言中没有逻辑类型，用非 0 值代表“真”、0 代表“假”。

关系运算符的优先级高于赋值运算符，低于算术运算符。表 4.1 所列的关系运算符中，前四种（<、<=、>、>=）优先级相同；后两种（==、!=）优先级相同；前四种比后两种优先级高。例如，

a>b==c　　等价于　　(a>b)==c

f =a<g+1　　等价于　　f =(a<(g+1))

即学即练： 如果有语句“int a=4,b=7,c=9;”，则以下表达式的值分别是什么？

（1）a==0　　（2）a<b　　（3）a==b　　（4）a+b<=c　　（5）c>b>a

特别提示： 虽然表达式 c>b>a 也是合法的关系表达式，但在实际应用中很少使用，因为该表达式并不能表示条件“c 的值大于 b 并且 b 大于 a”。根据运算符的优先级和结合方向，该表达式的计算过程：①计算 c>b，结果为 1；②计算 1>a，结果为 0。

4.2.2 逻辑运算符和逻辑表达式

如何用 C 语言的表达式表示下面的条件？

（1）c 大于 b 并且 b 大于 a。

（2）x 在区间[0,10]（即 x 大于等于 0 并且小于等于 10）。

（3）判断一个字符 ch 是小写字母。

（4）判断某年（year）是闰年的条件：该年份能被 4 整除但不能被 100 整除，或该年份能被 400 整除。

（5）高考成绩（total）大于等于 530 且英语成绩（score）大于等于 90。

以上条件都是由两个以上的简单条件组合成的复杂条件，需要用逻辑表达式表示。比如，条件“高考成绩大于等于 530 且英语成绩大于等于 90”用逻辑表达式“total>=530 && score>=90”表示，其中“&&”是“逻辑与”运算符，将两个简单条件组合成一个复杂条件。

1. 逻辑运算符

C 语言提供了 3 种逻辑运算符，它们的功能见表 4.2，运算规则见表 4.3。

表 4.2　逻辑运算符的功能

逻辑运算符	&&	||	!
功能	逻辑与	逻辑或	逻辑非

表 4.3　逻辑运算规则

对象		逻辑运算		
x	y	x&&y	x||y	!x
0	0	0	0	1
0	非 0	0	1	1
非 0	0	0	1	0
非 0	非 0	1	1	0

逻辑运算的对象为关系表达式或逻辑值，因此逻辑运算的结果也是一个逻辑值：“真”或“假”，即整数 1 或 0。3 种逻辑运算符中，“&&”和“||”是双目运算符，“!”是单目运算符。

表 4.3 清楚地说明了逻辑运算符的运算规律：

（1）x&&y：只有当 x 和 y 都为非 0（真）时，逻辑与运算的结果才为 1（真）；否则结果为 0（假）。

（2）x||y：只有当 x 和 y 都为 0（假）时，逻辑或运算的结果才为 0（假）；否则结果为 1（真）。

（3）!x：当 x 为非 0 值（真）时，结果为 0（假）；当 x 的值为 0（假）时，结果为 1（真）。

2. 逻辑表达式

逻辑表达式是由逻辑运算符将一个或多个表达式连接起来的式子，用于表示复杂的条件。逻辑表达式的值也是逻辑值。例如，4.2.2 开头所述的 5 个“条件”可以用下述逻辑表达式来表示。

（1）c>b&&b>a

（2）x>=0&&x<=10

（3）ch>='a'&&ch<='z'

（4）year%4==0&&year%100!=0 || year%400==0

（5）total>=530&&score>=90

即学即练：

- 判断一个字符 ch 是大写字母的逻辑表达式为（　　　　　　　　）。
- 表示条件“a 和 b 不同时为 0”的逻辑表达式为（　　　　　　　　）。

思考：如何用逻辑表达式表示条件“a 和 b 中只有一个为 0”？

3. 逻辑运算符的优先级与结合性

当条件表达式中同时出现多个运算符时，按优先级计算；当同时出现多个优先级相同的运算符时，按结合性计算。

优先级：①3 个逻辑运算符中，“!”的优先级最高，其次是“&&”，最后是“||”；②与其他运算符比较的优先级次序如图 4.3 所示。

逻辑非　　高
算术运算符
关系运算符
逻辑与
逻辑或
赋值运算符　　↓低

图 4.3　运算符的优先级

结合性：在 C 语言中，逻辑与、逻辑或的结合性为从左向右；逻辑非的结合性为从右向左。

即学即练：

根据语句“int h=3,j=3,k=3; double x=0,y=2.3;”计算下列表达式的值。

（1）!x　　　　（2）!y

（3）x&&y　　　　（4）x || y

（5）h&& j && k　　　　　　[等价于　(h&& j) && k]

（6）h<j &&x<y　　　　　　[等价于　（h<j）&&(x<y)]

（7）h<k || x<y　　　　　　[等价于　（h<k) || (x<y)）]

（8）x!=y && j+1==!k+4　　　[等价于　(x!=y) &&((j+1)==((!k)+4))]

4.3　选择结构的实现

在 C 语言中，用 if 语句可以实现简单的双分支选择结构和复杂的多分支选择结构；用“条件运算符”可以实现部分简单的双分支结构；用 switch 语句可以实现部分特殊的多分支结构。

4.3.1　用 if 语句实现简单的分支问题

如何用 if 语句实现选择结构呢？

例 4.1 反映了 if 语句的最常用的形式：实现双分支选择结构。

1. if 语句的一般形式

```
if（表达式）
        语句 1
else
        语句 2
```

if 语句与选择结构的对应关系：if 语句中的表达式即选择结构中的条件；语句 1 描述条件成立时应执行的操作，语句 2 描述条件不成立时应执行的操作；当语句 1 或语句 2 所描述的操作较复杂（含 2 个及 2 个以上操作）时，无法用一个简单语句表示，必须用复合语句——{语句 1}或{语句 2}。

if 语句的执行过程：首先计算表达式的值，若该值为真（表示条件成立），则执行语句 1；否则，执行语句 2。因此，在 if 语句中，语句 1 和语句 2 每次只有一个被执行。

例 4.2　英语专业录取问题。

案例分析：设变量 total 表示某生的高考成绩、score 表示他的英语成绩，先输入高考成绩和英语成绩，再根据条件“高考成绩大于等于 530 且英语成绩大于等于 90”进行选择，条件成立时输出“恭喜你被录取了”，不成立时输出“很遗憾你未能被录取”。

源程序：

```
#include <stdio.h>
int main()
{
    int total,score;
    printf("\n enter the total and english score:");
    scanf("%d%d", &total,&score);             //输入高考成绩和英语成绩
    if(total>=530 && score>=90)               //根据条件表达式的值判断是否能录取
        printf("恭喜你被录取了\n");
    else
        printf("很遗憾你未能被录取\n");
    return 0;
}
```

运行结果1：

```
enter the total and english score:600 95
恭喜你被录取了
```

运行结果2：

```
enter the total and english score:500 95
很遗憾你未能被录取
```

运行结果3：

```
enter the total and english score:530 90
恭喜你被录取了
```

特别提示：选择结构程序的调试，必须保证每个分支都被执行过，因例4.2有两个分支，至少要用两组不同的数据进行调试，比如上面的运行结果1、运行结果2；另外，条件中的边界数据（530和90）要作为测试数据进行测试，比如上面的运行结果3。

即学即练：网购运费的计算问题。设网购的商品金额由用户输入，如果一次网购商品金额超过300元，则免运费；否则运费10元。计算并输出用户需要支付的总金额（网购商品金额+运费）。

2. if语句的简化形式

在分析选择结构时，有时会遇到两个分支中的一个是空操作的情况，该情况下如何用 if 语句来实现呢？

例4.3 从键盘输入一个字符，若为大写字母，则将其转换成小写字母并输出；否则输出原字符。

案例分析：设输入的字符用变量ch表示。

第一步，输入一个字符赋给ch。

第二步，判断ch是否为大写字母，若是，则转换成小写字母；否则，不做任何处理。

第三步，输出ch。

在上述的第二步中，判断ch是大写字母的条件：字符ch的ASCII码值在字符'A'～'Z'之间。大小写字母的ASCII码值之差为32，即'a'-'A'=32。

例4.3的算法的流程图如图4.4所示，对应的程序如下所述。

源程序：

```
#include <stdio.h>
int main()
{
    char ch;
    printf("\n enter a character:");
    ch=getchar();        //输入一个字符赋给 ch
    if( ch>='A' && ch<='Z')
    ch=ch+32;            //将大写字母转换成小写字母
    putchar(ch);         //输出字符 ch
    return 0;
}
```

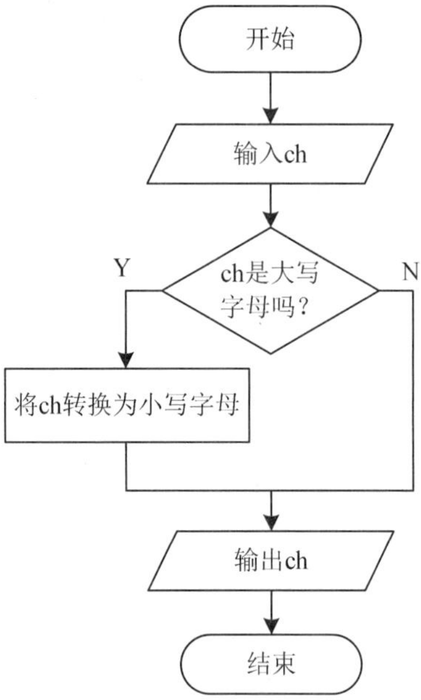

图 4.4　大小写字母转换流程图

在本例中，当条件不成立时，不需执行任何操作，即选择结构中的语句 2 是空操作，此时语句 2 连同 else 一起省略掉。

下面是 if 语句的简化形式，

```
if（条件表达式）
    语句 1
```

4.3.2　用 if 语句实现多分支结构

当遇到有多个分支的问题时，如何分析得出对应的选择结构及如何用 if 语句编程实现呢？例如前面提到的“猜价格游戏”和“毕业设计成绩等级评定问题”等。

例 4.4　猜价格游戏。设商品价格由程序设定，用户输入所猜商品的价格，程序判断是否猜对。若用户输入价格与程序中事先设定的商品价格相等，则提示用户“恭喜您，猜对了!”；否则，提示用户“猜错了”，并提示“高了”还是“低了”。

案例分析：设 price_1 表示商品的价格，price_2 表示用户输入的猜测的价格。

第一步，输入猜测的价格 price_2。

第二步，判断并输出结果。条件可以是“price_1 等于 price_2”，若条件成立，则输出“恭喜您，猜对了!”，否则需执行两步操作：①提示用户“猜错了”；②比较 price_1 和 price_2 的大小，条件可以是“price_2>price_1”，条件成立时输出“高了”，否则输出“低了”。很明显，步骤②又是一个选择结构。程序流程图如图 4.5 所示。

根据流程图编写程序如下：

```
#include <stdio.h>
int main()
{
    int price_1=15, price_2;                        //设商品价格为 15
    printf("\n guess price(0-30):");
```

```
    scanf("%d", &price_2);                          //输入所猜价格
        if( price_1==price_2)
            printf("恭喜你，猜对了！ \n");            //语句 1
        else
        {
            printf("猜错了");
            if(price_2>price_1)
                printf("高了\n");                    //语句 2
            else
                printf("低了\n");
        }
        return 0;
}
```

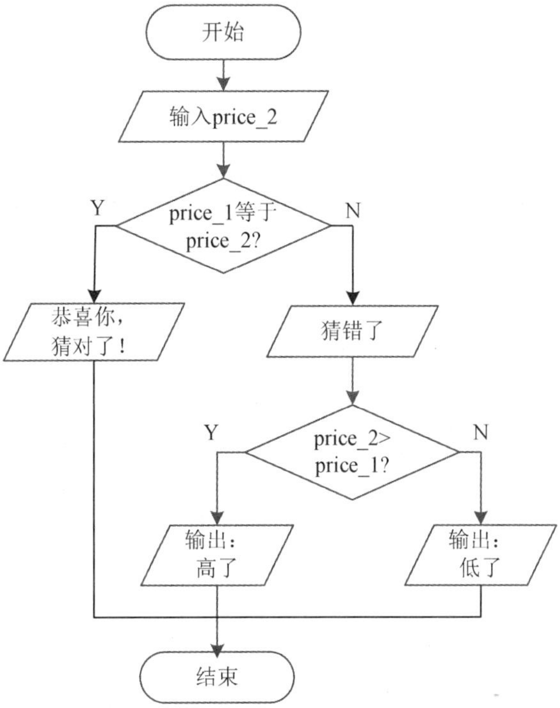

图 4.5　猜价格游戏流程图

本例的特点是第一个 if 语句中的语句 2 包含 2 个操作，需用复合语句，且其中第二个操作是分支问题，需用选择结构，用 if 语句实现。也就是说，if 语句的语句 2 中又嵌套了 if 语句。

实际上，if 语句中的语句 1 和语句 2 中可以包含任意合法的 C 语言语句。语句 1 中或语句 2 中又包含 if 语句时，就构成了嵌套的 if 语句。

特别提示：多分支问题的分析，可以采用“自外向内、逐层细化”的思路，每一层都按照双分支选择结构的思路分析，直到每个分支所包含的操作都可以直接用 C 语言的语句直接实现为止。

例 4.4 中，首先确定满足第一层分支“猜对了”的条件，即“输入的价格与商品价格相等”，

由此得到两个分支。其中，第一个分支只包含一个操作，不需要再分析；而第二个分支包含两个操作，于是逐个进行分析，第一个操作是“输出猜错了”，不需要再分析，第二个操作是“判断高了还是低了”，需要分析其对应的选择结构。

问题：使用 if 语句解决多分支问题时，经常使用 if 语句的嵌套。由于 if 语句中的 else 子句是可选项，也就是说，有些 if 语句中没有 else 子句，这就产生了“else 应与哪一个 if 匹配”的问题。

例 4.5 分析以下两个程序，哪一个能实现：从键盘上接收一个整数，若该数为正偶数，则输出“positive and even”；若为负数，则输出“negative”。

程序 1：

```
#include <stdio.h>
int main()
{
    int n;
    printf("\n enter a integer:");
    scanf("%d", &n);
    if(n>0)
        if(n%2==0)
            printf("positive and even\n");
        else
            printf("negative\n");
    return 0;
}
```

程序 2：

```
#include <stdio.h>
int main()
{
    int n;
    printf("\n enter a integer:");
    scanf("%d", &n);
    if(n>0)
    {
        if(n%2==0)
        printf("positive and even\n");
    }
    else
        printf("negative\n");
    return 0;
}
```

按照 if 语句的语法格式分析上述程序，程序 1 中第一层 if 语句的语句 1 又是一个 if 语句，而 else 紧跟在第二层 if 语句的语句 1 之后，说明第二层的 if 语句是有 else 子句的，即 else 与第 2 层的 if 匹配，由此可知第一层的 if 语句是不含 else 子句的。同理，程序 2 中第一层 if 语句中的语句 1 是用“{}”括起来的复合语句，第二层的 if 语句是无 else 子句的，因此 else 是与第一个 if 匹配的。

再分析两个程序的执行过程：若运行时输入 6，则两个程序的输出均为“positive and even”；若输入-3，则程序 1 无输出，而程序 2 会输出“negative”。很明显，程序 2 是正确的。

特别提示：else 总是与其前面最近的、还没有匹配过的 if 相匹配，并且是由里层向外层逐对匹配。编程时，可以通过合理使用{}来明确 if 与 else 的匹配关系。另外，书写程序要规范：即同一层的 if 与 else 要列对齐，且内层较外层要合理缩进。

4.3.3 用条件运算符实现简单的双分支结构

条件运算符“?:”构成的条件表达式可以用于表示某些简单的 if 语句，使程序更简洁。

例 4.6 输入整数 x，若 x 大于 0，则 y 的值为 x+1，否则为 x 的平方减 1。

用 if 语句实现的程序如下。

```
#include <stdio.h>
int main()
{
    int x, y;
    scanf("%d", &x);
    if(x>0)   y=x+1;              // if_else 语句可用 y= x>0?x+1:x*x-1; 代替
    else y=x*x-1;
    printf("\n x=%d, y=%d", x, y);
    return 0;
}
```

本例中，当条件满足或不满足时分别执行一个赋值语句，且都是给变量 y 赋值。用 C 语言提供的条件运算符描述，上述 if_else 语句等价于

y= x>0? x+1:x*x-1;

其中“x>0? x+1:x*x-1”是一个“条件表达式”。由此可见，用条件运算符比用 if 语句更简练。

1. 条件表达式的一般格式

条件表达式的一般格式如下所示。

```
表达式 1?表达式 2:表达式 3
```

与 if 语句相对照，可知条件表达式的计算过程：首先计算表达式 1，若其值为真（非 0），则计算表达式 2，结果作为整个条件表达式的值；否则，计算表达式 3，结果为整个条件表达式的值。

2. 条件运算符的优先级与结合性

条件运算符比关系运算符和算术运算符的优先级都低，比赋值运算符高。条件运算符的结合方向为“自右至左”，例如，

表达式“a>b?a:b>c?b:c”等价于表达式“a>b?a:(b>c?b:c)”。

4.3.4 用 switch 语句实现多分支结构

如前所述，if 语句既能用来描述简单的选择结构（双分支），也能通过 if 语句的嵌套实现复杂的选择结构（多分支）。例如，根据学生的百分制成绩评定成绩等级；幼儿园根据小孩年龄编班；根据个人计税工资分段计算个人所得税等多分支问题。但当分支较多时，if 语句的嵌套层数会增多，这将使得程序冗长，降低程序的可读性。

C 语言提供的 switch 语句可用来处理一部分特殊的多分支选择结构。

例 4.7 根据用户输入的数字 number（1～7），输出该数字对应的星期几（例如，1 对应 Monday，7 对应 Sunday 等）。

案例分析：每个数字符号对应一个分支，若考虑输入错误，共 8 个分支，如图 4.6 所示。

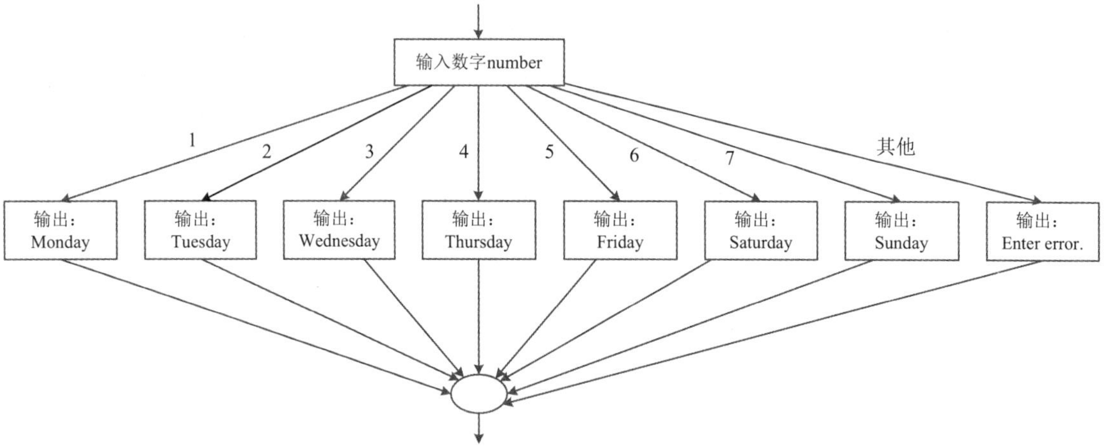

图 4.6 多分支流程图

请读者用 if 语句编写程序，然后与下面用 switch 语句编写的程序对比，分析程序的长度和可读性。

本题的多分支问题的特点：每个分支有一个常量与之对应，特别适合用 switch 语句实现。

源程序：

```
#include <stdio.h>
int main()
{
    int number;
    printf("\n Enter a number(1～7):");           //输出提示信息
    scanf("%d",&number);                         //输入一个数字
    switch(number)                               //switch 语句开始
    {
    case   1: printf("Monday\n");    break;
    case   2: printf("Tuesday\n");   break;
    case   3: printf("Wednesday\n");   break;
    case   4: printf("Thursday\n");   break;
    case   5: printf("Friday\n");      break;
    case   6: printf("Saturday\n");     break;
    case   7: printf("Sunday\n");       break;
    default:   printf("Enter error.\n");
    }
    return 0;
}
```

运行结果 1：

```
Enter a number(1～7):1
Monday
```

运行结果 2：

```
Enter a number(1～7):2
Tuesday
```

…

运行结果 7：

```
Enter a number(1～7):7
Sunday
```

运行结果 8：

```
Enter a number(1～7):9
Enter error.
```

程序中，用 switch 语句实现多分支选择结构，其中所有的分支都写在 switch 语句的花括号内，每个 case（或 default）对应一个分支。通过运行结果可看出，当 switch 语句中 number 的值与某个 case 后的值相等时，就执行该 case 后对应的语句段；当 number 与所有的 case 后的值都不相等时，就执行 default 后的语句段。

1. switch 语句的一般形式

switch 语句的一般形式如下所示。

```
switch(表达式)
{
    case   常量表达式 1:   语句段 1     [break;]
    case   常量表达式 2:   语句段 2     [break;]
    ⋮
    case   常量表达式 n:   语句段 n     [break;]
    [default:   语句段 n+1]
}
```

特别提示：

（1）case 后的表达式必须是常量表达式，即每个分支对应的常量或常量表达式。

（2）case 后的语句段可以由多个语句组成，但不必加{}，而是以 case 关键字划分。

（3）break 语句和 default 语句是可选项。当执行完某个分支后需要结束 switch 语句时，可在该分支对应的语句段的最后使用 break 语句；当除所有的 case 后的分支外，还有其他的操作时，可将其作为一个分支放在 default 语句后面。

例如在例 4.7 中，每个分支对应的常量为数字 1～7 中的一个，因此需要有 7 个 case；用户输入 1～7 之外的数字，都属于"输入错误"这个分支，因此需要用 default 作为"其他情况"这个分支；每个语句段被执行完后，整个分支问题已结束，因此需要用 break 语句结束 switch 语句。

2. switch 语句的执行过程

（1）计算 switch 后面括号中的表达式的值。

（2）将表达式的值与第一个 case 后的常量表达式 1 的值比较，若相等，则从语句段 1 开始，语句段 1 后的所有的语句段（语句段 2 至语句段 n+1），不再进行判断，直至遇到 break 语句或执行完语句段 n+1，才结束 switch 语句的执行；若不相等，再与第二个 case 后的常量表达式 2 比较，依此类推；若所有的 case 均不匹配，则执行 default 后的语句段 n+1，然后结束 switch 语句的执行。

由此可看出，break 语句的作用是放在某个 case 分支的末尾，当该分支执行完后结束 switch

语句的执行。

下面分析例 4.7 中不同情况下的执行过程。

（1）当输入数字 1 时，number 与第一个 case 后的常量相等，则执行语句段 1（printf("Monday\n");），然后执行 break 语句，结束 switch 语句。

（2）当输入数字 2 时，number 与第一个 case 后的常量不相等，则继续与第二个 case 后的常量比较，相等，则执行语句段 2（printf("Tuesday \n");），然后执行 break 语句，结束 switch 语句。

（3）当输入数字 9 时，number 从第一个 case 后的常量开始比较，与所有的 case 后的常量都不相等，因此执行 default 后的语句段 8（printf("\n Enter error.");），然后结束 switch 语句。

特别提示：利用 switch 语句执行过程的特点可实现多个 case 分支共用一个语句段，实现一个分支对应多个常量的情况。

例 4.8 幼儿园编班问题：2～3 岁进小班，4～5 岁进中班，6 岁进大班，其余年龄的不收。

案例分析：设小孩的年龄用 age 表示，根据 age 的值，共有 4 个分支，其中小班对应常量 2 或 3，中班对应常量 4 或 5，大班对应常量 6，其他年龄都属于“不收”分支。

用 switch 语句编程如下：

```
#include <stdio.h>
int main()
{
    int age;
    printf("\n enter the child's age:");
    scanf("%d", &age);                    //输入小孩的年龄
    switch(age)
    {
        case 2:
        case 3: printf("small class.\n");      //当 age 等于 2 或 3 时，执行此语句段
            break;                             //用 break 语句结束 switch 语句
        case 4:
        case 5: printf("middle class.\n");     //当 age 等于 4 或 5 时，执行此语句段
            break;
        case 6: printf("big class.\n");        //当 age 等于 6 时，执行此语句段
            break;
        default: printf("can't accept.\n");    //当 age 等于 2～6 之外的值时，执行此语句段
    }
    return 0;
}
```

请读者写出该程序的所有运行结果（至少 4 个），并上机单步调试，理解 switch 语句的执行过程。

即学即练：

（1）若去掉例 4.8 程序中的第一个 break 语句，当输入年龄为 2 时，程序的运行结果是什么？

（2）若去掉例 4.8 程序中所有的 break 语句，当输入年龄为 2 时，程序的运行结果是什么？

特别提示：switch 语句适用于某些特殊的多分支问题，即：每个分支有一个或几个常量与之对应的情况。不是所有的多分支结构都可用 switch 语句实现，有些问题经过预处理后可以用 switch 语句实现，有些多分支问题则只能用 if 语句实现。

4.4　综合应用

例 4.9　成绩等级评定问题。学生的毕业设计过程成绩用百分制表示，而最终成绩要用五级计分制表示，因此需要根据学生的百分制成绩按照以下规则确定其成绩等级：[90～100]为“优秀”，[80～90)为“良好”，[70～80)为“中等”，[60～70)为“及格”，60 以下为“不及格”。

要求：分别用 if 语句和 switch 语句实现，通过对比，区分两者的应用特点。

案例分析：设用 score 表示学生的百分制成绩，解决问题的过程包含两步：第一步是输入百分制成绩，第二步是根据百分制成绩评定成绩等级并输出结果。其中第二步有 5 个分支，是典型的多分支问题，类似于数学中常见的分段函数计算问题。分数及相应等级关系如下所示。

$$\text{成绩等级 grade}=\begin{cases}\text{优秀} & (90\leqslant score\leqslant 100)\\ \text{良好} & (80\leqslant score<90)\\ \text{中等} & (70\leqslant score<80)\\ \text{及格} & (60\leqslant score<70)\\ \text{不及格} & (score<600)\end{cases}$$

1. 用 if 语句实现

根据 4.3.2 节中介绍的多分支问题的分析思路，从第一个条件开始逐层分析。假设输入的成绩 score 是有效的百分制成绩，则第一层选择结构的条件为“score 大于等于 90 且小于等于 100”，条件成立时输出“优秀”，条件不成立时还有 4 个分支，需要继续分析。第二层选择结构的条件为“score 大于等于 80 且小于 90”，条件成立时输出“良好”，否则还有 3 个分支需要继续分析，依此类推，如图 4.7 所示。

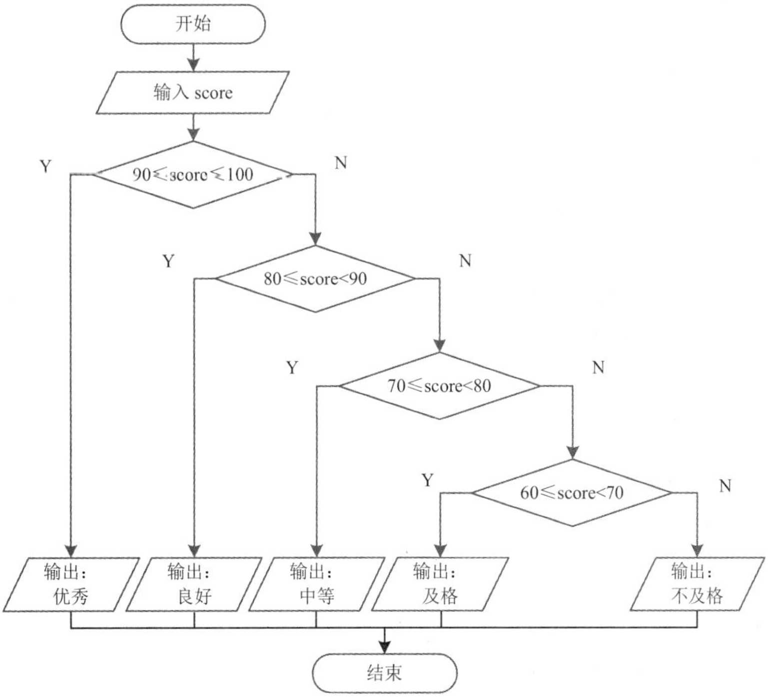

图 4.7　判断成绩等级流程图

特别提示：多分支问题中条件连续的情况下，自第二个条件开始，条件表达式可以进行简化。

如图 4.7 所示，当程序执行到条件判断“80≤score<90”时，前提是上一层的条件“90≤score≤100”已经不成立，那么一定是“score<90”了（假设 score 的范围为 0～100）。因此条件“80≤score<90”可以简化为“80≤score”。

用 if 语句嵌套实现的程序如下：

```
#include <stdio.h>
int main()
{
    int score;
    //输入百分制成绩
        printf("enter the score(0～100):");
    scanf("%d",&score);
    //评定成绩等级并输出
    if(score<=100&&score>=90)
        printf("优秀\n");
    else if(score>=80)
        printf("良好\n");
    else   if(score>=70)
        printf("中等\n");
    else   if(score>=60)
        printf("及格\n");
    else
        printf("不及格\n");
    return 0;
}
```

即学即练：

（1）改变例 4.9 中的第一个条件为“score 大于等于 0 且小于 60”，即从不及格的分支开始逐个进行判断，如何修改程序？

（2）改变例 4.9 中的每个条件为完整的条件，比如“score>=80&&score<90”，调试程序，并与修改前的条件对比，理解“条件连续时条件表达式的简化方法”。

（3）写出例 4.9 的所有测试用例（至少每个分支都要测试一遍，另外边界数据要单独测试，比如 100、90、80、70、60）。

思考：

（1）若不用嵌套的 if 语句，而是每个分支单独用一个 if 语句，该如何实现？将修改后的程序与例 4.9 的程序对比执行过程，哪个效率更高？

（2）尝试修改程序，修改条件，将嵌套的 if 语句放在语句 1 的位置，然后与例 4.9 的程序比较，哪个更清楚、易懂？

（3）例 4.9 中假设输入的成绩是有效的百分制成绩（0～100），如何完善程序，能实现“输入的成绩是否为有效成绩”的判断（有效时才判断成绩等级，否则提示用户输入错误）？

特别提示：用嵌套的 if 语句实现多分支问题时，经常在 else 后的语句 2 中嵌套 if 语句，能使程序结构更清晰。

2. 用 switch 语句实现

根据 4.3.4 中 switch 语句的介绍可知，当每个分支对应一个或几个常量时，适合用 switch 语句编程实现多分支问题。在成绩等级评定问题中，由于每个分支对应的成绩有很多，所以不能直接使用 switch 语句实现。

但仔细分析每个等级对应的分数段的成绩，可以找出规律：除 100 分和 60 分以下的成绩之外，其他分数段内的成绩的十位数字相同，即：

90～99（9），80～89（8），70～79（7），60～69（6）。

于是，先取出成绩的十位数字，就可以找到每个分支对应的常量：优秀（10、9），良好（8），中等（7），及格（6），不及格（其他，60 以下为同一个分支），然后就可以使用 switch 语句实现了。

用 switch 语句实现的程序如下：

```
#include <stdio.h>
int main()
{
    int score,n;                              //score 表示成绩，n 表示成绩的十位数/百位十位数
    printf("\n enter a score(0～100):");
    scanf("%d",&score);                       //输入成绩
    n=score/10;                               //取出成绩的十位数或前两位
    switch(n)                                 //用 switch 判断成绩等级
    {
    case 10:
    case   9: printf("优秀\n"); break;        //当 n 的值为 9 或 10 时，共用此语句段
    case   8: printf("良好\n"); break;
    case   7: printf("中等\n"); break;
    case   6: printf("及格\n"); break;
    default: printf("不及格\n");              //60 以下，n 的值为 0～5，都是不及格
    }
    return 0;
}
```

特别提示：有些多分支问题中没有直接说明各分支对应的常量，但经过分析和预处理后，可以找到各分支对应的一个或几个常量，适合用 switch 语句实现。同样的多分支问题，用 switch 语句比用 if 语句编程更简洁、易懂。

思考：

（1）以上程序是假设用户输入的数据都是有效数据（0～100），当用户输入非法数据时无输出结果。如何当用户输入非法数据时无输出结果？如何修改程序实现当输入成绩超出 0～100 的范围时，提示用户“enter error:out of 0～100”。

（2）如果将分数段划分为 A（100～85）、B（70～84）、C（60～69）、D（<60），用 switch 语句实现是否合适？

例 4.10 字符判断：输入一个字符，判断该字符是字母、数字、空格还是其他字符。

案例分析：设输入的字符用 ch 表示，根据 ch 的值，共有 4 个分支，每个分支对应的字符有很多，不适合用 switch 语句，可用 if 语句实现。输入字符可以用 getchar()函数，判断字符 ch 是字母的条件是“ch 是大写字母或小写字母”。由于字符的编码是有规律的（详见附录的

ASCII 码表），如字符'A'～'Z'的编码是连续的，所以条件“ch 是大写字母”可用表达式“ch>='A'&&ch<='Z'”来表示。同理，条件“ch 是小写字母”可用表达式“ch>='a'&&ch<='z'”来表示，条件“ch 是数字”可用表达式“ch>='0'&&ch<='9'”来表示。

源程序：

```
#include <stdio.h>
int main()
{
    char ch;
    //输入字符
    printf("enter a character:");
    ch=getchar();
    //判定字符类型
    if( ch>='A'&&ch<='Z'||ch>='a'&&ch<='z')
        printf("字母\n");
    else if(ch>='0'&&ch<='9')
        printf("数字\n");
    else   if(ch==' ')                //空格字符：单引号括起来的空格
        printf("空格\n");
    else
        printf("其他\n");
    return 0;
}
```

本章小结

1．根据条件判断执行不同操作的问题用选择结构描述。

2．分析选择结构的思路：找出条件，以及条件成立与不成立时对应的操作。

3．用关系表达式或逻辑表达式来表示条件。其中，关系表达式一般用来表示简单条件；逻辑表达式用于表示由两个或两个以上的简单条件组合而成的复合条件。

4．选择结构可用 if 语句或 switch 语句实现。其中，if 语句能实现所有的选择结构（双分支或多分支）；switch 语句适合于特殊的多分支选择结构（即每个分支都能与一个或几个常量相对应）。

习 题 4

一、选择题。

1．设 a 为整型变量，不能正确表达数学关系 10<a<15 的 C 语言表达式是（　　）。

A．10<a<15　　　　B．a==11|| a==12|| a==13 || a==14

C．a>10 &&a<15　　　　D．!(a<=10)&&!(a>=15)

2．运算符有优先级，在 C 语言中关于运算符优先级的正确叙述是（　　）。

A．逻辑运算符（&&、||）高于算术运算符，算术运算符高于关系运算符

B．算术运算符高于关系运算符，关系运算符高于逻辑运算符（&&、||）

C．算术运算符高于逻辑运算符（&&、||），逻辑运算符（&&、||）高于关系运算符

D．关系运算符高于逻辑运算符（&&、||），逻辑运算符（&&、||）高于算术运算符

3．若 x 为 int 型，则与逻辑表达式!x 等价的 C 语言关系表达式是（　　）。

A．x==1　　B．x!=1　　C．x==0　　D．x!=0

4．能正确表示逻辑关系“a≥5 或 a≤-1”的 C 语言表达式是（　　）。

A．a>=5 or a<=-1　　B．a>=5|a<=-1

C．a>=5&&a<=-1　　D．a>=5||a<=-1

5．下面程序段的执行结果是（　　）。

A．0.000000　　B．0.250000

C．0.500000　　D．1.000000

```
void main()
{   float x=2, y;
    if(x<0) y=0;
    else if(x<10) y=1.0/x ;
    else y=1;
    printf("\n%f" , y);
}
```

6．若变量 c 为 char 型，则能正确表示“c 为大写字母”的表达式是（　　）。

A．'A'<=c<='Z'　　B．(c>='A')||(c<='Z')

C．('A'<=c)and('Z'>=c)　　D．(c>='A')&&(c<='Z')

7．以下程序的运行结果是（　　）。

A．0　　B．1　　C．2　　D．3

```
#include <stdio.h>
void main()
{
    int a=3,b=-1,c=1;
    if(a<b)
        if(b<0) c=0;
        else c++;
    printf("%d\n",c);
}
```

8．若运行下面程序时从键盘输入 48 并按回车，则输出结果是（　　）。

```
#include <stdio.h>
void main()
{
    int x;
    scanf("%d",&x);
    if(x>60) printf("%d",x);
    if(x>40) printf("%d",x);
    if(x>30) printf("%d",x);
}
```

A．484848　　B．4848　　C．48

9．下面程序的执行结果是（　　）。

A．10　　B．15　　C．20　　D．25

```
#include  <stdio.h>
void main()
{
    int a=0,b=1,c=0,d=20;
    if(a!=0) d=d-10;
    else if(b==0)
    if(!c) d=15;
    else d=25;
    printf("d=%d\n", d);
}
```

10．下面程序的运行结果是（　　）。

A．a=2,b=1　　B．z=1,b=1

C．a=1,b=0　　D．a=2,b=2

```
#include <stdio.h>
void main()
{
    int x=1,a=0,b=0;
    switch(x)
    {
        case 0:b++;
        case 1:a++;
        case 2:a++;b++;
    }
    printf("a=%d,b=%d\n",a,b);
}
```

11．下列程序运行后的输出结果是（　　）。

A．32　　B．3　　C．2　　D．1

```
#include  <stdio.h>
void main()
{
    char a='3';
    switch(a)
    {
    case '3': printf("3");
    case '2': printf( "2"); break;
    default: printf("1");
    }
}
```

12．下面程序的运行结果是（　　）。

A．1　　B．2　　C．3　　D．4

```
#include <stdio.h>
void main()
{
    int a=16,b=21,m=0;
    switch(a%3)
    {
        case 0: m++;break;
        case 1: m++;
        switch(b%2)
        {
            case 0: m++; break;
            default: m++;
        }
    }
    printf("%d\n",m);
}
```

二、程序分析题。

1．以下程序的运行结果是（　）。

```
#include <stdio.h>
void main()
{
   float c=3.0,d=4.0;
   if(c>d)   c=5.0;
   else if(c==d) c=6.0;
   else   c=7.0;
   printf("\n %.1f",c);
}
```

2．以下程序的运行结果是（　）。

```
#include <stdio.h>
void main()
{
   int t,a=6,b=10;
   if((a=b)>0)   t=a+b;
   printf("%d\n" , t);
}
```

【提示：注意 if 语句中条件表达式的计算。】

3．以下程序的运行结果是（　）。

```
#include <stdio.h>
void main()
{
   int x=100,a=20,b=10;
   int v1=5,v2=0;
```

```
    if(a<b)
      if(b!=15)
        if(!v1)   x=1;
        else
             if(v2)
               x=10;
           x=-1;
    printf("%d",x);
}
```

【提示：if(v2) 等价于 if(v2!=0)。】

4．以下程序的运行结果是（　　）。

```
#include <stdio.h>
void main()
{   int x=1,y=0,a=0,b=0;
    switch(x)
    { case 1:
          switch(y)
          { case 0:   a++;break;
            case 1:   b++;break;
          }
      case 2: a++;   b++; break;
      case 3: a++; b++;
    }
    printf("\n a=%d,b=%d", a ,b);
}
```

【提示：对于嵌套的 switch 语句，break 只能结束它所在的 switch 语句。】

三、程序设计题。

1．计算分段函数的值。函数如下：

$$y=\begin{cases}x+1 & (x\leqslant 0)\\ 2x & (0<x\leqslant 10)\\ 10 & (10<x\leqslant 20)\\ x^2 & (x>20)\end{cases}$$

若将上述函数表达式中的第 3 行去掉，源程序应如何修改？

2．计算党费问题。设工资基数由用户输入，请根据以下规则计算每月应缴党费。党费比例确定规则：工资基数在 3000 元以下（含 3000 元）者，交纳 0.5%；3000 元以上至 5000 元（含 5000 元）者，交纳 1%；5000 元以上至 10000 元（含 10000 元）者，交纳 1.5%；10000 元以上者，交纳 2%。

输出格式为：工资基数：3500

　　　　　　每月应缴党费：17.5

3．任意输入三个整数，求其中的最大者。

4．输入任意月份（1～12），输出该月份属于哪个季节。要求分别用 if 语句和 switch 语句实现。

5．输入三角形的三条边，判断其能否组成三角形，如果能，判断其类型（等边、等腰、直角或普通三角形）。

6．求一元二次方程 $ax^2+bx+c=0$ 的根。其中，a、b、c 由用户输入，且 a 不等于 0。当 b^2-4ac 的值大于 0、等于 0、小于 0 时，分别计算方程的根。

7．阶梯式大作业（V2.0 版）：输入两个整数 m 和 n，选择运算符 op（+、-、*，/），计算并输出表达式“m op n”的值。例如，输入整数 4 和 5，选择运算符+，输出 4+5=9。（用 if 语句和 switch 语句分别实现，并比较优劣。）

第 5 章　循环结构程序设计

本章导读

本章提出了实际编程中经常遇到的重复操作问题，并结合实例给出了用循环结构程序解决重复操作问题的思路：先分析重复操作问题，得到对应的循环结构，再用循环语句编写程序。C 语言提供了 3 种实现循环结构的语句：while 语句、do_while 语句、for 语句。其中用 for 语句编程最简洁。

本章要点

- 用循环结构描述重复操作问题，学会分析循环结构的组成要素。
- 用 for 语句实现确定循环次数的循环。
- 用 while 语句实现事先不能确定循环次数的循环。
- 用 do_while 语句编写菜单类的需要先执行、后判断循环条件的循环。
- 用 break 语句实现从循环体中有条件地退出循环。
- 用多重循环解决复杂的重复操作问题。

5.1　重复操作问题与循环结构

在实际应用中，我们经常遇到以下有规律的重复操作问题。

问题 1：求平均成绩。输入一个班的 N（设 N=10）个学生的高数成绩，计算课程的平均成绩。

问题 2：求阶乘问题。10!=1*2*3*…*10。

问题 3：求自然数 n（n 由用户输入）中各位数字之和。

问题 4：编写含菜单选择的程序。设小学生算术练习系统的菜单项包括：1．加法、2．减法、3．乘法、4．除法、5．退出。编程实现：进入系统后显示菜单，等待用户选择，然后执行相应的功能（设每个子功能是一个输出语句）；执行完后返回主菜单，再选择，再执行，如此反复，直至选择退出。

这些问题的共同特点：重复执行一系列操作，且重复的次数是有限的，即有条件地执行重复操作。

在程序设计中，用循环结构来描述有规律的重复操作问题。

如何分析重复操作问题并用循环结构来描述呢？下面以上述问题 1 为例分析循环结构。

例 5.1　求平均成绩。输入一个班的 N（设 N=10）个学生的高数成绩，计算课程的平均成绩。

案例分析：

计算平均成绩的实现思路：输入一个成绩并加入累加和；重复以上操作 N 次，便得到该班所有学生的总成绩；然后将总成绩除以 N，即得到平均成绩。很显然，“计算总成绩”是一个有规律的重复操作问题，可用循环结构实现。

数据说明：

score 表示每次输入的学生的高数成绩，num 为当前要处理的成绩的序号（即第几个学生的高数成绩，其取值范围是 1～N），sum 为成绩累加和（其初值为 0），average 为平均成绩。

循环结构分析：

（1）需重复执行的操作：输入第 num 个成绩 score，并加入累加和 sum。

（2）执行重复操作的条件：num≤N，即当 num 不大于 N 时，该班学生的高数成绩还未处理完，需继续重复步骤（1）。

（3）num 的初值为 1：根据条件可知，重复操作是从第 1 个学生开始的，当处理完第 N 个学生的成绩后结束。

（4）num 的改变规律：num++，即处理完第 1 个成绩后，处理第 2 个，依此类推，因此每处理完一个成绩，num 的值要加 1。

根据以上分析，可画出如图 5.1 所示的求平均成绩流程图。

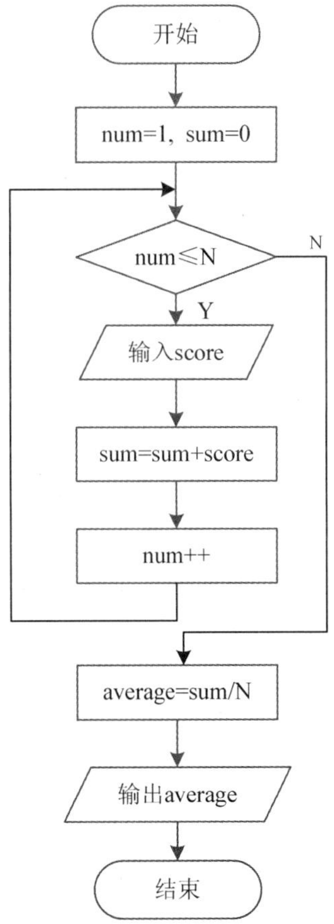

图 5.1　求平均成绩流程图

一个完整的循环结构一般包含如下 5 个要素：循环体、循环控制条件、循环变量、循环变量的初始化、循环变量的改变。其中最核心的两个要素是“循环体”和“循环控制条件”。

循环体：需要重复执行的操作序列。如例 5.1 中的“输入第 num 个成绩 score，将 score 加入 sum”。

循环控制条件：重复执行循环体所需的条件，即当条件成立时执行循环体，否则结束循环。如例 5.1 中的“num≤N”。

循环变量：决定循环条件是否成立的变量。如例 5.1 中的循环条件是“num≤N”，num 的值决定了该条件是否成立，因此循环变量是 num。

循环变量的初始化：进入循环前，一般需要给循环变量赋初值，否则首次进入循环时，无法判断循环控制条件是否成立。如例 5.1 中的“num=1”。

循环变量的改变：反映了循环变量的变化规律，它使循环变量的值从“初值”逐步变化到“使循环条件不成立的值”。如例 5.1 中的“num++”，num 每改变一次，就向着“终点”（N）靠近一步；当 num 等于 N+1 时（已经处理完 N 个学生的成绩），条件“num≤N”不成立，则结束循环。

循环结构的执行过程如图 5.2 所示。

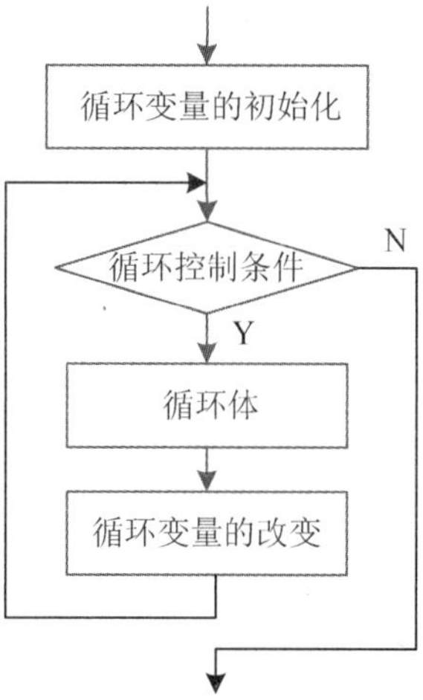

图 5.2　循环结构流程图

因为每执行一次循环体，循环变量需改变一次，所以通常将“循环变量的改变”操作放在循环体中。如图 5.1 中改变循环变量的操作“num++”包含在循环体中。

根据以上分析，总结出利用循环结构处理有规律的重复操作问题的一般步骤：

- 针对具体问题，分析循环结构的 5 个要素：循环体、循环控制条件、循环变量、循环变量的初始化、循环变量的改变。
- 写出该问题的算法（比如流程图），当算法很简单时也可以用文字描述。
- 根据具体情况选择合适的循环语句来描述该算法，即编写程序。

读者在以后的学习过程中可按照以上步骤分析循环问题，按照分析问题、解决问题的思路培养程序设计思想。

例 5.2　求阶乘问题：10!=1*2*3*…*10。

案例分析：求 10!即计算 1*2*3*…*10。实现思路为从左向右依次重复“两个数的乘法运算”，即先计算 1*2，再用 1*2 的积乘以 3，再用 1*2*3 的积乘以 4，依此类推，重复用前面的部分积乘以本次的乘数，最后一次的乘积即所求的结果。因此，这是一个重复“乘法运算”的问题，需用循环结构实现。

循环结构的分析：设 k 为每次的乘数（k：1～10），product 为部分积（初值为 1），则组成循环的各要素为：

循环体：将 k*product 赋给 product。

循环控制条件：k≤10。

循环变量：k。

循环变量的初始化：k=1。

循环变量的改变：k++。

其中，循环变量的初始化应在进入循环之前进行。

根据以上分析，得出求 10!的流程图如图 5.3 所示。

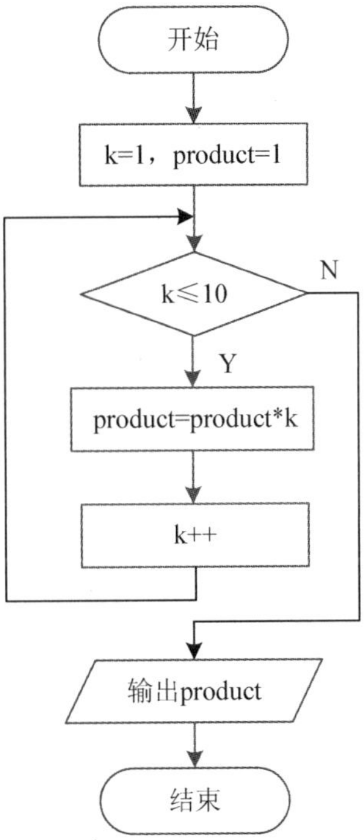

图 5.3　求 10!的流程图

即学即练：分析以下问题的循环结构并画出算法流程图。

问题：计算 1+2+3+…+n，其中 n 由用户输入。

5.2 循环结构的实现

当循环结构分析清楚后，就可以选用 C 语言中提供的三种循环语句（while，do_while，for）编写循环结构的程序了。

5.2.1 while 语句

while 语句是适用面很广的循环语句。

例 5.3 用 while 语句编写例 5.1 的程序。

源程序：

```
#include <stdio.h>
#define N 10
int main()
{
        float score,sum,average;
        int num;
        printf("enter %d scores:",N);
        sum=0;
        num=1;                              //循环变量赋初值
        while(num<=N)                       //循环条件
        {
                scanf("%f",&score);         //循环体：输入一个成绩 score
                sum+=score;                 //循环体：计入累加和 sum
                num++;                      //循环变量的改变：num 增 1
        }
        average=sum/N;
        printf(" average is:%f\n", average);
        return 0;
}
```

运行结果：

```
enter 10 scores:100 90 80 70 60 50 60 80 90 70
average is:75.000000
```

本例中，while 语句包含循环体、循环条件、循环变量的改变三部分，而循环变量的赋初值操作要放在 while 语句之前。

1. while 语句的一般形式

while 语句的一般形式为

```
while(表达式)
        循环体语句
```

其中，表达式表示循环控制条件，比如例 5.3 中的条件“num<=N”；循环体语句包含循环体和循环变量的改变两部分，比如例 5.3 中的输入成绩、计入累加和、num 增 1。

特别提示：循环体语句可以是简单语句、复合语句或空语句。换句话说，该位置在语法上只允许有一个语句。当循环体包含多个操作时，必须用{}将多个语句括起来，构成一个复合语句。如例 5.3 中的循环体是包含三个语句的复合语句。

2. while 语句的执行过程

while 语句的执行过程如下所述。

（1）计算 while 后条件表达式的值。

（2）若表达式的值为真，则执行循环体语句，然后转（1）；否则，退出循环，即结束 while 语句。

3. while 语句的一般应用形式

通过 while 语句的形式和循环结构的组成要素，在实际编程时可按如下格式使用 while 语句。

```
循环变量的初始化
while(循环条件)
{
    循环体
    循环变量的改变
}
```

例 5.4 用 while 语句编写例 5.2 的程序。

源程序：

```
#include <stdio.h>
int main()
{
    int k;
    long product=1;
    k=1;                    //对循环变量进行初始化
    while(k<=10)            //循环条件放在括号中
    {
        product*=k;         //循环体
        k++;                //循环变量 k 的改变
    }
    printf("10!=%ld\n", product);
    return 0;
}
```

运行结果：

```
10!=3628800
```

思考：

（1）如果将 product 的初值设为 0，结果会如何？

（2）如果将 while 语句后的一对大括号"{}"去掉，结果会如何？为什么？

特别提示：

（1）在 while 语句之前必须给循环变量赋初值；否则，首次进入循环时，循环变量是一个随机数（无确定的值），这样就无法正确计算条件表达式的值。

（2）while 语句的循环体语句中必须包含"改变循环变量"的语句，否则将导致死循环。

5.2.2 do_while 语句

while 语句是在执行循环体前先进行条件判断，只有条件成立时才进入循环体，如果第一次计算条件表达式的值为0（即条件不成立），则循环体将一次都不执行。例如，例5.4中若k的初值为11，则循环条件“k<=10”不成立，循环结束。

do_while语句则是先执行循环体，再进行循环条件判断，当条件成立时继续执行循环体。所以不管条件是否成立，循环体将至少执行一次。

例5.5 如用do_while语句编写例5.2的程序。

源程序：

```
#include <stdio.h>
int main()
{
        int k;
        long product=1;
        k=1;                            //给循环变量赋初值
        do
        {
                product*=k;             //循环体
                k++;                    //循环变量k的改变
        }while(k<=10);                  //循环条件
        printf("10!=%ld\n", product);
        return 0;
}
```

运行结果：

```
10!=3628800
```

对比例5.4和例5.5可以看出：循环结构的要素都没变，只是循环的执行过程中由“先进行条件判断，再执行循环体语句”变为“先执行循环体语句，再进行条件判断”。

1. do_while语句的一般形式

do_while语句的一般形式为

```
do
{
    循环体语句
}while(表达式);
```

其中循环体语句、表达式的含义同while语句。与while语句不同的是语句末尾以分号结束。

2. do_while语句的执行过程

do_while语句的执行过程如图5.4所示。首先无条件地执行一次循环体，然后计算循环条件表达式的值，若该值为“真”（非0），则继续执行循环体语句，如此反复，直到表达式的值为“假”（0），结束循环，执行do_while语句的下一条语句。

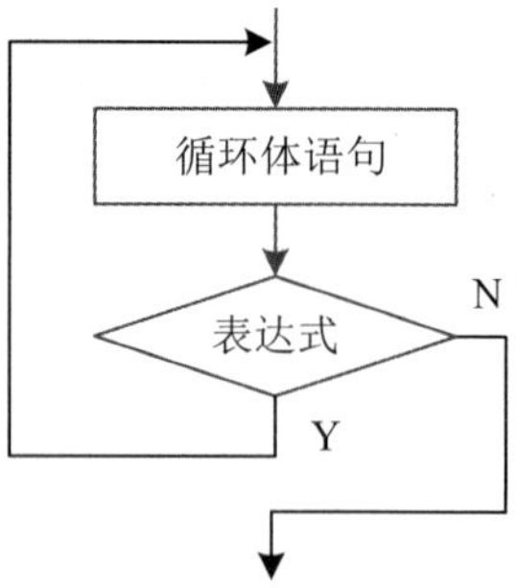

图5.4　do_while语句的执行过程

特别提示：

（1）循环体语句包括循环体和循环变量的改变两部分。当循环体语句只有一个简单语句时，原则上可以不用{}，但为了防止与while语句混淆，习惯上还是要用{}。

（2）do_while语句的末尾以分号结束，注意不要漏掉。

do_while 循环的特点是“先执行循环体，后进行条件判断”，因此循环体最少执行一次。它特别适合编写含有菜单选择的程序。

例 5.6　编写含菜单选择的程序。设“小学生算术练习系统”的菜单项包括：1. 加法、2. 减法、3. 乘法、4. 除法、5. 退出。编程实现：进入系统后显示菜单，等待用户选择；然后执行相应的功能（为简化程序，设每个子功能是一个输出语句）；执行完后返回主菜单，再选择，再执行，如此反复，直至选择退出。

案例分析：含有菜单的程序的实现方法是反复执行：显示菜单、用户选择、执行相应功能，因此宜采用循环结构。

数据说明：设变量 ch 表示用户的选择输入（范围：1～5）。

循环结构分析：

循环体：显示菜单，用户输入选择，执行相应的子功能。

循环条件：ch 不等于 5（ch 为循环变量）。

循环变量的改变：用户的选择输入。

根据程序的功能要求可知，程序必须“先执行循环体、再进行条件判断”。即使第一次选择了“5.退出”，循环体也至少执行了一次。因此，该循环结构最适合用 do_while 语句实现。

源程序：

```
#include "stdio.h"
int main()
{
    char ch;
    do{ /*显示菜单项*/
        printf("\n        小学生算术练习系统");
        printf("\n                1．加法");
        printf("\n                2．减法");
        printf("\n                3．乘法");
        printf("\n                4．除法");
        printf("\n                5．退出");
        //用户输入选择项
        printf("\n 请选择（1～5）：");
        ch=getchar(); getchar();          //接收用户输入，并读取多余的回车符
        //根据用户的选择执行相应的功能
        switch( ch )
        {
            case  '1': printf("\n 加法。"); break;
            case  '2': printf("\n 减法。"); break;
            case  '3': printf("\n 乘法。"); break;
            case  '4': printf("\n 除法"); break;
            case  '5': printf("\n 退出。谢谢使用！ \n"); break;
            default: printf("\n 错误。重新选择。");
        }
    }while(ch!='5');                      //循环条件判断
    return 0;
}
```

执行该程序时，首先执行循环体中的“显示菜单项”功能，当用户输入 1 并按回车后，变量 ch 的值是'1'；然后执行 switch 语句，找到“case '1' ”对应的功能“printf("\n 加法。"); break;”，通过 break 语句结束 switch 语句；至此，循环体执行完一遍。然后计算循环条件表达式，此时条件表达式“ch!='5'”的值为“真”，则继续执行循环体。直至用户输入 5 并按回车后，执行对应的功能“printf("\n exit.Thank you for using!\n "); break;”；然后判断条件表达式不成立，退出循环，结束整个程序。

特别提示：本例程序中没有给循环变量赋初值的语句，因为该程序中变量 ch 在使用之前已通过语句“ch=getchar();”赋值，符合“变量必须先赋值后使用”的原则。

本程序主要用于展示菜单程序的一般结构，因此对每个菜单项对应的子功能进行了简化（只有一个输出语句）。建议读者学完“函数”相关内容后，用一个具体的函数来代替 case 后的每一个输出语句，完成一个完整的“小学生算术练习系统”。

5.2.3 for 语句

与 while 和 do_while 语句相比，for 语句使用更灵活，既能处理循环次数确定的问题，也能处理循环次数不确定的问题，完全可以代替 while 语句。特别是当循环次数确定时，用 for 语句更合适，能使程序更简洁。

例 5.7 用 for 语句编写例 5.2 的程序。

源程序：

```
#include <stdio.h>
int main()
{
    int k;
    long product=1;
    for(k=1;k<=10;k++)          //循环变量的初始化、循环控制条件、循环变量的改变
        product*=k;             //循环体语句
    printf("10!=%ld\n", product);
    return 0;
}
```

与例 5.4（用 while 语句实现）和例 5.5（用 do_while 语句实现）相比，很显然，用 for 语句编写的程序最简洁：一个 for 语句能将循环变量的初始化、循环控制条件、循环变量的改变三个表达式包含在一对小括号中，因此 for 语句比 while 语句更方便。

结合例 5.7，进一步理解 for 语句的一般格式及功能。

1. for 语句的一般形式

for 语句的一般形式如下：

```
for(表达式 1;表达式 2;表达式 3)
    循环体语句
```

例 5.7 中，for 语句中的表达式 1、表达式 2、表达式 3 分别是 k=1、k<=10、k++，分别对应循环结构中的循环变量的初始化、循环控制条件、循环变量的改变，循环体语句对应循环结构中的循环体。因此 for 语句又可以理解为

```
for (赋初值表达式;循环条件表达式;循环变量的改变表达式)
    循环体语句
```

其中三个表达式中的任何一个都可以省略，但分号不能省略。当表达式2省略时，表示无条件循环，即条件一直为“真”。

2. for 语句的执行过程

for 语句的执行过程如下所述。

（1）计算表达式1。

（2）计算表达式2，若其值为真（非0），则执行循环体语句，然后执行步骤（3）；若为假（值为0），则结束循环。

（3）计算表达式3，然后返回步骤（2）继续执行。

for 语句的执行过程可用图5.5表示。与 while 语句和 do_while 语句相比，for 语句可以包含循环结构的五个要素，因此是循环结构程序设计的首选。

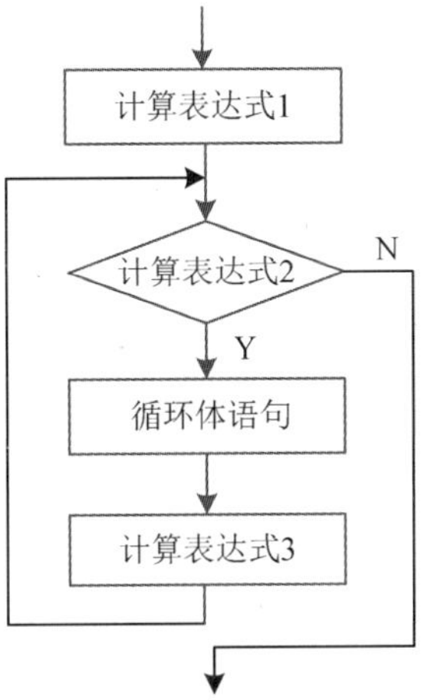

图5.5

例5.8 输出范围在100～200的不能被3整除的数。

案例分析：用计算机解决此类问题常采用“穷举法”。

处理思路：将100～200的数逐个处理一遍（即判断其能否被3整除，若不能，则输出；否则，不需处理），这也是重复操作问题，需用循环结构实现。

数据说明：设变量 n 表示每次待处理的数，对 n 的处理采用选择结构实现，n 不能被3整除的条件是“n%3!=0”。

下述为对循环结构的分析。

循环体：判断 n 能否被3整除并进行相应的操作。

循环变量：n。

循环条件：n<=200。

循环变量的初值：100。

循环变量的改变规律：n++。

根据以上分析，循环次数是已知的（n 的范围是100～200），可以用 for 语句编程实现。

源程序：

```
#include <stdio.h>
int main()
```

```
{
    int n;
    for(n=100;n<=200;n++)
        if(n%3!=0)                    //循环体语句：判断 n 能否被 3 整除
            printf("%5d", n);
    return 0;
}
```

即学即练：编程找出 2000 年至 2020 年之间的闰年。年份（year）是闰年的条件：该年份能被 4 整除但不能被 100 整除，或者能被 400 整除。

3. for 语句的其他用法

上述是 for 语句的一般用法，也是最常见的用法。下面结合实例介绍 for 语句的其他几种用法。编写程序时尽量规范使用程序语言代码，以免程序的可读性差。

（1）当有多个循环变量时，表达式 1 和表达式 3 都可以用逗号表达式。

例如，计算 1+2+3+…+100 的程序段可以编写为

```
int m,n,sum=0;
for(m=1,n=100;m<=50;m++,n--)
    sum+=m+n;
```

与常规的处理方式 for(m=1;m<=100;m++) sum+=m; 相比，使用两个循环变量的处理方式能减少循环次数，提高程序的执行效率，但降低了程序的可读性。

（2）for 语句中的三个表达式都可以省略，但分号不能省略。当表达式 2 省略时，相当于无条件循环（即条件表达式的值永为真），因此必须在循环体中有退出循环的条件判断；否则，将陷入死循环。例如，求和的程序段：

```
for(m=1;m<=100;m++)   sum+=m;
```

等价于：

```
for(m=1; ; m++)   {if(m>100) break ;   sum+=m;}
```

break 语句的作用是结束其所在的循环，详见 5.2.4。

5.2.4 break 语句和 continue 语句

在执行某些循环的过程中，有时需要提前退出循环（即循环的非正常退出，也就是说，在循环控制条件成立时即从循环体中跳出）；有时需要跳过循环体中的某些语句，进入下一次循环的判断。在 C 语言中，break 语句和 continue 语句分别用于实现上述这两种功能。

1. break 语句

例 5.1 实现了求一个班 N（N=10）个学生的平均成绩，N 为常量，只能处理 10 个学生的成绩。但实际上，每个班的人数是不同的，因此该程序缺乏通用性。如何改进才能实现求任意多少个学生的平均成绩呢？

例 5.9 求平均成绩。输入一个班的学生的高数成绩（人数不定，当输入成绩为-1 时结束），计算课程的平均成绩。

案例分析：本例与例 5.1 的区别是“循环次数事先不确定”，而是“已知循环结束的条件”，因此可用 break 语句从循环体中根据成绩的值强制退出循环。

数据说明：设 score 用于保存输入的一个成绩，sum 用于保存成绩之和，num 用于保存已输入的有效成绩的个数。

下面为对循环结构的分析。

循环体：输入一个成绩 score，判断该成绩是否有效（score!=-1），若有效则将 score 加入累加和 sum（sum+=score）并计数（num++），否则退出循环。

循环控制条件：1（表示无循环控制条件，即条件永远成立）。

循环变量、循环变量的改变、循环变量的初值：无（因为没有用到循环变量，所以这三项也就不需要了）。

源程序：

```
#include <stdio.h>
int main()
{
    float score,sum=0;
    int num=0;                          //统计有效成绩数据的个数，初值为 0
    while( 1 )                          //无条件循环：表达式永为“真”
    {
        printf("\n enter a score(-1 for end):");
        scanf("%f", &score);
        if(score==-1)
            break;                      //若成绩为-1，则用 break 语句结束循环
        else
            { sum+=score; num++;}       //成绩有效时的操作有 2 个，用复合语句
    }
    printf("num=%d,average=%f\n", num, sum/num);
    return 0;
}
```

运行结果：

```
enter a score(-1 for end):80

enter a score(-1 for end):90

enter a score(-1 for end):70

enter a score(-1 for end):-1
num=3,average=80.000000
```

break 语句只能用于 switch 语句和循环语句（while、do_while、for）中。若用在 switch 语句中，break 使流程跳出 switch 语句，即结束 switch 语句；若用在循环语句的循环体中，则强制结束循环，即在循环条件成立的情况下跳出循环。在循环中通常与 if 语句连用，即当满足某条件时，结束循环。

break 语句在循环中的一般用法：

```
if(条件) break;
```

对于“循环次数事先不确定”的问题，经常采用“循环标志控制法”来控制循环的执行，即根据已知的循环结束条件用 break 语句结束循环。

特别提示：break 只能结束其所在的 switch 或循环语句，而不能从嵌套的 switch 或循环语句的内层直接跳出到最外层。

思考：如果不使用 break 语句，如何用 while 语句实现例 5.9 的功能？比较两种程序，看看哪个可读性更好。

2. continue 语句

与 break 语句不同，continue 语句只能用于循环语句的循环体中，其作用是结束本次循环体的执行，即跳过循环体中 continue 语句后面尚未执行的语句，继续下一次循环。

例 5.10 求输入的 10 个整数中正数的平均值。

源程序：

```
#include <stdio.h>
int main()
{
	int k,n=0,a; float s=0;
	printf("\n enter 10 integers:");
	for(k=0;k<10;k++)
	{
		scanf("%d",&a);
		if(a<=0)
			continue;		//跳过循环体中下面的语句：s+=a; n++;
		s+=a; n++;			//对正数的处理
	}
	printf("aver:%f\n",s/n);
	return 0;
}
```

运行结果：

```
enter 10 integers:1 2 3 4 -5 -3 6 7 8 9
aver:5.000000
```

本例的循环体中，先输入一个 a，然后判断：若 a<=0，则 a 为负数，不须作处理，用 continue 结束本次循环体地执行，即不执行"s+=a; n++;"两个语句；否则，a 为正数，if 语句结束，顺序执行后面的语句"s+=a; n++;"。不管执行哪种情况，都完成了一遍循环体的执行，继续执行 for 语句中的表达式 3（k++）。

因此，continue 的作用是结束本次循环体的执行，而不是结束整个循环语句。

5.3 三种循环语句的综合应用

5.3.1 三种循环语句的区别应用

三种循环语句的共同点是实现循环结构，原则上可以通用。但通过前面的学习可知，三种循环语句又各有特点，根据实际问题合理选用，可以使程序更简洁，可提高程序的可读性。

一般来说，如果循环次数事先能确定，首选 for 语句，编写的程序最简洁，循环结构最清晰；如果循环次数事先不知道，但已知循环结束的条件，可选用 while 或 do_while 语句；如果要求先执行循环体再进行循环条件判断，则选用 do_while 语句，否则使用 while 语句即可。三种语句的使用特点和可选顺序可以总结如下：

（1）for 循环适合循环次数确定的问题，且编程最简洁，是首选。

（2）while 循环适合循环次数不定的问题。

（3）do_while 循环适合先执行循环体、再进行条件的判断的问题，比如菜单程序。

下面分类举例说明循环语句的应用，从中贯穿循环结构程序设计的思路和技巧。

例 5.11 求最大值问题。输入一个班的学生的高数成绩（人数 n 由用户输入），找出最高分。

案例分析：

求最大值的一般思路：首先将第一个数作为最大值；然后将该最大值与第二个数比较，如果第二个数大于最大值，则将第二个数作为新的最大值，继续与第三个数比较；如此循环，直到所有的数据都比较完为止。

本例的解决方法是循环“输入成绩、比较”，循环次数由用户输入的人数 n 来控制，在进入循环之前需要先输入第一个成绩作为最大值的初值。

数据说明：设 n 表示学生人数，k 表示已经输入的成绩数，score 表示输入的一个成绩，max 表示已经比较过的成绩中的最大值。

源程序：

```
#include <stdio.h>
int main()
{
    int n,k;
    float score, max;
    printf("\n enter n:");
    scanf("%d",&n);
    printf("enter %d scores:",n);        //提示输入 n 个成绩
    scanf("%f",&score);                  //输入第一个成绩
    max=score;                           //设第一个成绩是最高分
    for(k=2;k<=n;k++)                    //从第二个成绩开始，循环 n-1 次
    {
        scanf("%f" , &score);            //输入第 k 个成绩
        if(score>max)                    //与 max 比较
            max=score;                   //若大于之前的最高分 max，则将该成绩作为新的最高分
    }
    printf("the max is: %f\n",max);
    return 0;
}
```

运行结果：

```
enter n:5
enter 5 scores:90 80 70 60 95
the max is: 95.000000
```

特别提示：求最大值时，通常将第一个数作为最大值的初始值，循环是从第二个数开始的，直至所有的数据都比较完。

思考：如何求最小值？ 如何用一个循环同时找出最大值和最小值？

例 5.12 循环次数不确定问题。求自然数 n（n 由用户输入）中各位数字之和。

案例分析：这是本章开始提出的问题 3。

求自然数 n 中的各位数字之和，首先要找出自然数 n 中的每一位数字，每找到一位计入累加和。

如何找到每一位数字呢？可以先从“个位”开始，通过求余（n%10）和取整（n=n/10）得到个位数和待处理的整数 n，循环以上操作直至 n 等于 0 为止。例如，输入 258，查找每位数字的过程如下：

第一遍：n=258，n%10 得到数字 8，n/10 得到 25（待处理的数据变为 25）。

第二遍：n=25，n%10 得到数字 5，n/10 得到 2（待处理的数据变为 2）。

第三遍：n=2，n%10 得到数字 2，n/10 得到 0（待处理的数据变为 0，表示已处理完）。

由此可从个位开始逐步找到每一位数字（8、5、2），当 n 等于 0 时结束。

由于自然数 n 是程序运行时由用户输入的，其位数在编程时是不确定的，故无法事先确定循环次数，可用 while 语句实现。

源程序：

```
#include <stdio.h>
int main()
{
    int sum=0, n;
    printf("\n enter n:");
    scanf("%d", &n);                //输入 n
    while(n>0)                      //当 n 大于 0 时，说明还未处理完所有的数字
    {
        sum+=n%10;                  /找出 n 的个位数
        n/=10;                      //找出 n 中去掉个位数之后的数
    }
    printf("sum=%d\n", sum);
    return 0;
}
```

运行结果：

```
enter n:258
sum=15
```

对自然数的处理中，经常需要对自然数进行拆分。拆分的过程通常是通过“n%10”和“n/10”的组合来实现的。例如，输入一个自然数并将其逆序输出。

例 5.13　判素数问题。判断一个整数 n（n 由键盘输入）是否为素数。

案例分析：所谓素数，就是除了 1 和它本身再没有别的约数的自然数。即所有大于 1 且小于 n 的整数都不能整除 n，则 n 为素数。

判素数的思路：循环判断“n 能否被 2～n-1 中的每一个数 k 整除”。如果 n 能被某个数 k 整除，则说明 n 不是素数，提前结束循环，此时，循环变量 j 的值必然小于 n；如果 n 不能被 2～n-1 中的任何一个数整除，则循环直到条件“k<n”不成立时退出，此时，k 的值等于 n。因此，本循环结束的情况有两种，可在循环结束后，根据 k 的值是否小于 n 来判断 n 是否为素数。

源程序：

```
#include <stdio.h>
int main()
```

```
{
    int n, k;
    printf("\n enter n:");
    scanf("%d", &n);
    for(k=2;k<n;k++)
        if(n%k==0)
            break;
    //若 k<n，则是从循环体退出的，说明 n 不是素数，否则是素数
    if(k<n)
        printf("%d is not a prime number.\n", n);
    else
        printf("%d is a prime number.\n", n);
    return 0;
}
```

运行结果 1：

```
enter n:9
9 is not a prime number.
```

运行结果 2：

```
enter n:7
7 is a prime number.
```

判断素数的方法还可以更简单：若所有大于 1 且小于等于 $\sqrt{n}$ 的整数都不能整除 n，则 n 为素数，采用该方法可以减少循环次数。

5.3.2　用循环的嵌套解决复杂的重复操作问题

前面程序中的循环都只用一个循环语句实现，循环体中不再包含其他循环语句，这只能解决一些较简单的重复操作问题。实际上，循环语句的循环体中可以包含任意合法的 C 语言语句。当一个循环体中又包含循环语句时，我们称这种结构为循环的嵌套。有很多较复杂的问题需要用二重或多重循环才能解决。

例 5.14　计算 1!+2!+3!+ …+10!。

案例分析：

（1）从整体来看，这是一个“重复累加”的问题，设 k 为 1～10 中的一个数，sum 为累加和，则累加求和可用下述 for 语句实现。

```
for(k=1;k<=10;k++)
{
    //计算 k!
    //累加
}
```

（2）循环体中的第一步是求 k!（设 fact 表示 k!），k!=1*2*3*…*k 可用下列 for 语句实现。

```
fact=1;
for(j=1;j<=k;j++)
    fact*=j;
```

至此，每个操作都能用 C 语言的语句实现了，分析结束，编写程序。

源程序：

```
#include <stdio.h>
int main()
{
    int k,j;
    long sum, fact;
    sum=0;
    for(k=1;k<=10;k++)
    {    //求 k!
        fact=1;
        for(j=1;j<=k;j++)
        fact*=j;
        //累加
        sum+=fact;
    }
    printf("result is %ld\n",sum);
    return 0;
}
```

运行结果：

```
result is 4037913
```

按照 for 循环的执行过程分析上述程序，可以看出，在二重循环中，外循环的循环体执行一次，内循环的循环体可能执行很多次，即整个内循环语句执行一遍，如此反复，直至外循环结束。

特别提示：

（1）多重循环问题的分析思路：逐层细化，直至所有操作都能用 C 语句描述为止。

（2）用嵌套循环时，要注意变量赋初值的位置，否则很容易出错。例如，例 5.14 中的语句 fact=1; 是求 k!的功能的一部分，因此应该放在外层的循环体内、内层 for 循环语句之前。如果不小心将语句 fact=1;放在了 sum=0 的位置，则程序会出错。有效的做法是在外层循环体内首先用注释的方式写出要实现的操作，然后分别逐个实现。

例 5.14 也可以不用循环的嵌套结构，而只用一个循环语句解决。

案例分析：由于 k!=(k-1)!*k，设变量 fact 表示(k-1)!，则 k!=fact*k。于是以上程序中的双重循环程序段可进行如下的优化。

```
fact=1;
for(k=1;k<=10;k++)
{
    fact*=k;
    sum+=fact;
}
```

思考：如何计算 1!+2!+3!+ …+n!。

5.3.3 用穷举法解决方程求解问题

例 5.15 鸡兔同笼问题。笼子里有鸡、兔若干只，其中头数为 16，脚的总数为 40，问笼子里有鸡、兔各多少只？

案例分析：设笼子里有x只鸡、y只兔，则该问题就变成了求解以下方程的问题，即找出符合方程的x和y的组合。

$$\begin{cases} x + y = 16 \\ 2x + 4y = 40 \end{cases}$$

利用计算机求解方程与手工解方程不同，通常采用“穷举法”找到所有可能的解（变量的组合），逐个进行验证，从而找出符合方程要求的解，难点在于如何找到所有的变量组合。

本例中，如何找到x和y的所有组合呢？

（1）确定变量的取值范围。例如，x为1～16，y为1～16。

（2）采用多重循环，让每个变量都将自己的可能的值尝试一遍，从而找到所有变量的所有组合。例如，当x=1时，y从1变化到16，可以找到16个组合；当x=2时，y从1变化到16，又可以找到16个组合；依此类推，当x=16时，y从1变化到16，又可以找到16个组合，至此，所有的组合都找完了。

源程序：

```
#include <stdio.h>
int main()
{
    int x,y;                                    //x、y表示鸡、兔的数量
    for(x=1;x<=16;x++)
    {
        for(y=1;y<=16;y++)
            if(x+y==16&&2*x+4*y==40)            //判断一个组合是否为方程的解
                printf("chicken:%d,rabbit:%d\n",x,y);
    }
    return 0;
}
```

运行结果：

```
chicken:12,rabbit:4
```

特别提示：

（1）确定变量的取值范围时，需要根据实际问题进行估计。为了避免漏掉可能的组合，取值范围可以比估计的大一些。例如，本例中x和y的值都不会是1和16。如果需要减少循环次数，可以对取值范围进行优化。

（2）判断一个组合是否为方程的解时，方程就是if语句中的条件。

即学即练：换零钱。将十元钱换成五元、二元、一元的方法有多少种？分别输出各种组合情况。

例5.16 找出所有的“水仙花数”。所谓“水仙花数”是指一个三位数，其各位数字的立方和等于该数本身。比如$153=1^3+5^3+3^3$，因此153是水仙花数。

案例分析：采用穷举法，对所有的3位数逐个判断，若满足水仙花数的条件，则打印输出该数。判断一个数n是否是水仙花数的过程中需要用到n的三位数字（百、十、个位）。具体实现方法有两种。

方法1：由三位数字组合成一个三位数。设a、b、c分别表示一个三位数的百、十、个位，则满足方程 $a^3+b^3+c^3=100*a+10*b+c$ 的每一组解对应一个水仙花数。

该方程有三个变量，属于“不定方程”。这类方程的求解方法：首先找出方程中每个变量 a、b、c 的取值范围，对所有 a、b、c 的任意组合（即方程所有可能的解）逐个验证一遍，满足上述条件的一组 a、b、c 就是方程的一个解。这就是求解不定方程的常用方法——“穷举法”，又叫“试探法”。

据题意，变量 a、b、c 的取值范围分别是 1～9、0～9、0～9。分析所有的三位数，可得出 a、b、c 的组合规律，用三重循环实现。

源程序：

```
#include <stdio.h>
int main()
{
    int a, b, c, n, s;
    printf("\n 水仙花数:");
    for(a=1;a<=9;a++)
        for(b=0;b<=9;b++)
            for(c=0;c<=9;c++)
            {
                n=100*a+10*b+c;          //计算三位数 n
                s=a*a*a+b*b*b+c*c*c;     //计算三位数字的立方和
                if(n==s)
                    printf("%5d",n);
            }
    return 0;
}
```

运行结果：

```
水仙花数:  153   370   371   407
```

方法 2：将每一个三位数 n 拆分出三位数字（a、b、c），然后验证是否符合水仙花数的条件（方程 $n=a^3+b^3+c^3$）。所有三位数的取值范围为 100～999，逐个验证一遍，用一个 for 语句即可实现。

源程序：

```
#include <stdio.h>
int main()
{
    int a, b, c, n, s;
    printf("\n 水仙花数:");
    for(n=100;n<1000;n++)
    {
        a=n/100;                     //计算百位数
        b=(n%100)/10;                //计算十位数
        c=n%10;                      //计算个位数
        s=a*a*a+b*b*b+c*c*c;         //计算三位数字的立方和
        if(n==s)
            printf("%5d",n);
    }
    return 0;
}
```

两种方法，结果相同。

特别提示：解决方程求解问题的方法是将所有可能的解都验证一遍，从中找出满足方程的多个解。首先确定变量的取值范围，然后采用多重循环找出所有可能的变量组合，逐个验证，满足方程要求的即为方程的解。

本章小结

1. 用循环结构描述有规律的重复操作问题。

2. 分析选择结构的思路：先找出循环体和循环条件，然后再确定循环变量、循环变量的初值和变化规律。

3. 实现循环结构的基本语句：while 语句、do_while 语句、for 语句。一般情况下，这三种语句可以通用。对于初学者，关键在于学会分析具体问题，找出循环结构的组成要素，然后用循环语句实现，而不要局限于各循环语句的细微差别。当熟练掌握循环结构设计思想和循环语句的应用后，可以根据具体问题选择更合适的循环语句，编写出结构清晰、语句简洁的高质量的程序。

4. 三种循环语句的使用特点：while 语句适合描述循环次数事先不确定但已知循环结束条件的问题；do_while 语句常用于编写循环体需要先执行一次的问题，比如菜单选择程序；for 语句更适合描述循环次数确定的问题。

5. 复杂的循环问题可用循环的嵌套实现，典型的应用是用穷举法求解方程。

习 题 5

一、选择题。

1．执行语句 for(i=0;i<10;i++);后，i 的值是（　　）。

A．9　　B．10　　C．11　　D．12

2．执行语句段“int k=10; while(k==0)k=k-1;”时，下列说法正确的是（　　）。

A．循环体执行 10 次　　B．循环体一次也不执行

C．循环体将执行无限次　　D．循环体执行一次

3．执行语句段“int x= -1; do{x=x*x;}while(x==0);”时，下列说法正确的是（　　）。

A．循环体将执行 1 次　　B．循环体将执行两次

C．循环体将执行无限次　　D．编译时提示有语法错误

4．以下程序段的输出结果是（　　）。

A．25　　B．24　　C．不确定　　D．10

```
void main()
{
    int i, sum=10;
    for(i=1; i<6; i++)    sum+=i;
    printf("%d", sum);
}
```

5．以下程序段中，while 循环的循环次数为（　　）。

A．1　　B．10
C．6　　D．死循环，不能确定次数

```
void main()
{
    int i=0;
    while( i<10)
    {
        if(i<1)   break;
        else i++;
    }
}
```

6．下面程序段的输出结果是（　　）。

A．1　　B．9　　C．10　　D．15

```
void main()
{
    int a,b;
    for(a=1,b=2;b<5;b++)
        a+=b;
    printf("%d\n",a);
}
```

7．下面程序段的运行结果是（　　）。

A．40　　B．45　　C．34　　D．55

```
void main()
{
    int a=10,b=0;
    do
    {
        b=b+a;
        a--;
    }while(a>5);
    printf("%d\n",b);
}
```

8．执行以下程序段时，若从键盘上输入 ABCdef<回车>，则输出结果为（　　）。

A．ABCdef　　B．abcDEF　　C．abc　　D．DEF

```
void main()
{   char ch;
    while( (ch=getchar()) !='\n')
    {
        if(ch>='A' && ch<='Z')
            ch=ch+32;    //大写字母'A'和小写字母'a'的 ASCII 码值分别是 65 和 97
        else if(ch>='a' && ch<='z')
            ch=ch-32;
    printf("%c", ch);
    }
}
```

9．以下程序段中循环体的执行次数是（　　）。

A．3　　B．2　　C．1　　D．0

```
void main()
{   int i, j;
    for(i=0, j=1;i<=j+1; i+=2,j--)
    printf("%d\n", i);
}
```

10．下面程序的功能是循环输入一批正整数，并求出其中的最大者，输入 0 则结束。以下选项中符合填在 while 后的括号内的是（　　）。

A．a!=0　　B．a==0　　C．!a　　D．! a==1

```
#include <stdio.h>
void main()
{
    int a, max=0;
    scanf("%d",&a);
    while( )
    {
        if(max<a) max=a;
        scanf("%d",&a);
    }
    printf("%d\n",max);
}
```

11．以下程序的输出结果是（　　）。

A．2　　B．8　　C．24　　D．6

```
void main()
{   int i, n=6,m=8;
    i=n;
    while(1)
    {   if( n%i==0&&m%i==0) break;
        i--;
    }
    printf("%d\n", i);
}
```

12．执行以下程序段时，若从键盘上输入 ABC_def<回车>，则输出结果为（　　）。

A．7,3　　B．3,7　　C．3,4　　D．3,3

```
void main()
{
    char ch;    int a=0,b=0;
    while( (ch=getchar()) !='\n')
    {
        if(ch>='A' && ch<='Z') a++;
        else if(ch>='a' && ch<='z')    b++;
        printf("%d,%d", a,b);
    }
}
```

二、程序分析题。

1．以下程序的运行结果是（　　）。

```
#include <stdio.h>
```

```
int main()
{
        int n=0;
        while(n++<=2)
                printf("%d\t",n);
        printf("\n%d",n);
        return 0;
}
```

2．以下程序的运行结果是（　　）。

```
#include <stdio.h>
int main()
{
        int p,n;
        for(n=0,p=1;p<=100;n++,p*=n);
        printf("\n n=%d,p=%d",n,p);
        return 0;
}
```

【提示：上一程序段的 for 语句中，初值表达式和增值表达式都是逗号表达式。】

3．以下程序的运行结果是（　　）。

```
#include <stdio.h>
int main()
{
        int i=5;
        do
        {
                i--;
                if(i<=0)
                        break;
                printf("%3d",i);
        }while(1);
        return 0;
        } 0;
                x=-1;
        printf("%d",x);
}
```

4．以下程序的运行结果是（　　）。

```
#include <stdio.h>
void main()
{
        int num=0;
        while(num<=2)
        {
                num++;
                printf("%d\n",num);
        }
}
```

三、程序设计题。

1．找出 1～100 中能被 3 整除且个位数是 6 的所有整数并输出到屏幕上，每行输出 5 个数。

2．输入一行字符（以回车符结束），分别统计其中字母、数字、空格及其他字符的个数。

3．输入某班的 C 语言考试成绩，统计优秀（[90,100]）的人数和不及格的人数。其中人数不定，分两种情况编程实现。人数由用户输入；输入成绩为-1 时表示输入结束。

4．计算 e 的近似值：$e=\frac{1}{1!}+\frac{1}{2!}+\frac{1}{3!}+\cdots+\frac{1}{n!}$（设 n=10）。

【提示：编程时要注意 1/2 与 1.0/2 的区别。】

5．百钱买百鸡：某人有 100 钱，要买 100 只鸡，其中公鸡 3 钱/只、母鸡 1 钱/只、小鸡 3 只/钱，问可买公鸡、母鸡、小鸡各多少只？

6．打印出三角形的九九乘法表。

*	1	2	3	4	5	6	7	8	9
1	1								
2	2	4							
3	3	6	9						
4	4	8	12	16					
5	5	10	15	20	25				
6	6	12	18	24	30	36			
7	7	14	21	28	35	42	49		
8	8	16	24	32	40	48	56	64	
9	9	18	27	36	45	54	63	72	81

【提示：用双重循环，外层循环实现“打印 9 行”，内层循环实现“打印一行”。】

7．输入两个正整数（不大于 100），求其最大公约数和最小公倍数。

8．阶梯式大作业（V3.0）。在 V2.0 的基础上，系统可以重复以下操作：显示菜单，让用户输入选择（加法、减法、乘法、除法），然后进行相应的算术练习，直至用户选择“5”后退出。

其中，算术练习要求实现：生成两个 10 以内的随机整数 m 和 n，根据用户选择的运算（op: +,-,*,/）显示表达式“m op n”并计算表达式的值 result；然后提示用户输入计算结果，程序判断对（right）或错（wrong）。例如，用户选择了菜单项“加法”，生成的随机整数为 4 和 5，则输出表达式“4+5=”，若用户输入 9，则输出 right，否则输出 wrong。

第 6 章　数组

本章导读

本章首先列举了常见的批量数据的处理问题，然后结合实例分析了为什么要使用数组，以及如何定义数组和使用数组解决实际问题。在编写程序的过程中，要根据待处理的数据的类型和复杂程度确定数组的类型和维度；根据数据量的大小确定数组的长度。数组元素的访问通常采用循环结构实现，常用数组的下标作为循环变量。

本章要点

- 为什么要使用数组。
- 如何定义数组。
- 数组元素在内存中是如何存放的。
- 如何引用数组元素。
- 字符串的操作与普通的字符数组有何区别。

6.1　同类型批量数据的表示问题

在实际应用中，我们经常遇到以下对批量数据的处理问题。

问题 1：逆序输出。输入 10 个整数，并按输入时的逆序输出这一组数据。

问题 2：查找成绩。输入一个班某门课 N（设 N=20）个人的成绩（0～100），找出高于平均分的成绩。

问题 3：排序问题。用“冒泡法”对 N 个整数由小到大排序。

问题 4：矩阵运算。计算一个 N*N（设 N=4）矩阵中的对角线元素之和。

以上问题的共同点：需要处理的是一批数据，而且数据的类型相同。

根据前面几章的学习我们知道，编程解决问题的基本思路是分析问题，确定数据表示，设计算法，编写程序。在前几章的程序中，我们用变量保存要处理的数据，例如，定义“float score;”表示一个成绩，定义“int num;”表示学生成绩数。

思考：如何表示一批数据？以问题 2 为例。

要找出高于平均分的成绩，必须首先计算出平均分，然后将 20 个成绩逐个与平均成绩比较。因此，需要保存输入的 20 个成绩。

如果用变量表示，则需要定义 20 个 float 类型的变量。但明显存在以下 2 个缺陷。

（1）很烦琐且难以用程序实现。假如用 20 个变量保存学生的成绩，那么就需要有 20 条语句来判断各个学生的成绩是否高于平均分，这样的程序实际上是无法令人接受的。

（2）单个变量之间是相互独立的，20 个成绩变量无法表达他们属于“同一个班同一门课”的这种关系。

因此，用多个变量表示一批数据是不可取的。

C 语言中提供了数组来表示批量数据。

例如，问题 1 中的 10 个整数、问题 2 中的 20 个成绩分别可通过下面定义的数组表示。

```
int data[10];          //定义整型（int）数组 data，可保存 10 个整数
float score[20];       //定义实型（float）数组 score，可保存 20 个成绩
```

数组是相同类型数据的有序集合，是 C 语言中提供的构造类型之一。可以根据要处理的数据的类型确定数组的类型。

下面结合实例介绍一维数组、二维数组、字符串的定义及使用。

6.2 一维数组

例 6.1 逆序输出问题。输入 10 个整数，按输入时的逆序输出这一组数据。

源程序：

```
#include <stdio.h>
int main()
{
    int data[10], i;                  /* 定义数组 data 和循环变量 i */
    printf("entter 10 integers:");
    for(i=0; i<10; i++)               /* 从键盘输入 10 个整数 */
        scanf("%d", &data[i]);
    printf("after reverse:");
    for (i=10-1; i>=0; i--)           /* 逆序输出 10 个整数 */
        printf("%4d",data[i]);
    return 0;
}
```

运行结果：

```
entter 10 integers:1 2 3 4 5 6 7 8 9 10
after reverse:  10   9   8   7   6   5   4   3   2   1
```

程序中定义了一个整型数组 data，它可以存储 10 个 int 型数据，分别用 data[0]、data[1]、…、data[9]表示，括号中的数字被称为“下标”，用来标识数组 a 中不同的数据。

数组 data 中的 10 个元素具有相同的名字 data，可以表示它们是一组数据。用数组名和下标唯一地确定一个元素。因此，数组不仅能保存一批数据，而且能表示出数据之间的关系。

当只有一组数据需要表示时，可用一维数组，数组中每个元素只有一个下标。

6.2.1 一维数组的定义和初始化

1. 定义一维数组的一般形式

一维数组的定义方法如下：

```
类型名    数组名[常量表达式];
```

其中，类型名是数组元素的类型；数组名是程序设计者对该数组的命名；常量表达式确定了数组的长度，即数组中元素的个数。例如，

```
float score[20];
```

该语句定义了一个数组 score，数组元素是 float 类型的，数组长度为 20。即数组 score 有 20 个元素，分别是 score[0]～score[19]。

与定义变量类似，一次可以定义多个同类型的数组，数组之间用逗号分隔，例如，

```
int a[5],b[10];
```

特别提示：C 语言规定，数组元素的下标总是从 0 开始，数组长度是一个常量。

2. 一维数组的存储

设程序中有数组定义语句：int a[8];

则 C 编译系统将根据数组 a 的长度（8）在内存中分配如图 6.1 所示的 8 个连续的存储单元。每个存储单元对应一个数组元素（相当于一个 int 型的变量），因此数组也可看作是相同类型变量的集合。

23	1	45	5	6	80	50	70
a[0]	a[1]	a[2]	a[3]	a[4]	a[5]	a[6]	a[7]

图 6.1 一维数组 a 的存储

思考：为何数组长度必须为常量？

即学即练：以下对一维整型数组 a 的说明正确的是（　　）。

A. int a(10);　　B. int n=10, a[n];

C. int n; scanf("%d",&n); int a[n];　　D. int a[10];

3. 一维数组的初始化

当系统为所定义的数组在内存中开辟一串连续的存储单元时，这些存储单元中并没有确定的值。与变量的初始化一样，有时希望在定义数组时对各元素指定初始值（例如，使数组所有元素均为 0 或 1）。

数组的初始化有以下三种形式。

（1）定义数组时可以对数组元素赋初值，初值用大括号"{}"包括，例如，

```
int a[8]={23,1,45,5,6,80,50,70};
```

初值放在一对大括号中，数据类型必须与数组类型一致，初值之间用逗号分隔。系统将初值按照从左到右的顺序依次赋给数组元素 a[0]～a[7]，如图 6.1 所示。

若要给部分元素赋值，则将初值从 a[0]开始逐个赋给相应的元素，其余元素系统将自动赋初值 0，例如，

```
int a[7]={1,2,3};          //相当于 int a[7]={1,2,3,0,0,0,0};
char c[5]={'a'};           //相当于 char c[5]={'a', '\0', '\0', '\0', '\0'};
```

（2）若对全部数组元素赋初值，可以不指定数组长度，系统根据元素个数给数组分配空间，例如，

```
int a[ ]={1,2,3,4,5,6,7};    //此时自动定义 a 数组的长度为 7
```

6.2.2 一维数组的引用

定义数组是为了引用数组中的元素。例 6.1 中的 data[i]就是对数组元素的引用。C 语言规定只能逐个引用数组元素而不能一次引用整个数组（字符串除外）。

引用数组元素的形式：

```
数组名[下标]
```

其中下标可以是整常数或整型表达式，比如data[0]、data[i]、data[i+2]等都是正确的引用方式。下标的范围是 0～n-1（设数组长度为 n），引用时应注意不要越界访问。例如，例 6.1 中的数组 data 的长度为 10，下标值应控制在 0～9 内。

若执行语句：

```
data[10]=100;
```

则会破坏数组以外的其他变量的值，可能造成严重的后果。data[10]是 data[9]的下一个单元，可能正在被另一个程序使用，但其值被莫名其妙地改变了。

特别提示：C 编译系统中没有数组的越界访问检查，即编译时不检查下标是否“越界”，因此容易造成隐含的执行错误。

即学即练：若有如下定义：int d[10];，则（　　）是对数组 d 的元素的正确引用。

A．d[10]　　B．d[3.6]　　C．d[3-3]　　D．d(5)

例 6.2　查找成绩问题。输入一个班级 N（设 N=20）个人的某门功课的成绩（0～100），找出高于平均分的成绩。

案例分析：N 个人的成绩可用数组表示。设 score 为成绩数组，sum 为成绩累加和，k 为元素下标，则 k 的取值范围是 0～N-1。输入 N 个成绩的过程可用循环实现，每循环一次输入一个成绩并存入 score[k]；求平均成绩中的成绩累加功能也用循环实现，累加的操作可与输入操作放在一个循环中实现（输入一个，计入累加和）；找出高于平均分的成绩也用循环实现。具体算法如下：

（1）输入 20 人的成绩并累加，用循环实现：循环体为“输入第 k 个人的成绩、并计入累加和 sum”；循环条件为“k<N”；k 的初值为 0；改变规律为“k++”。

（2）计算平均分。

（3）找出高于平均分的成绩，用循环实现：循环体为“将第 k 个成绩与平均分比较，若高，则输出”；循环条件、初值、改变规律同（1）。

源程序：

```
#include <stdio.h>
#define N   10
int main()
{
    int k;
    float sum, score[100], average;
    /*输入 N 个学生的成绩并累加*/
    printf("Enter %d scores:",N);
    sum=0;
    for(k=0;k<N;k++)
    {
        scanf("%f", &score[k]);
        sum+=score[k];
    }
    average=sum/N;                    /*求平均分*/
    printf("the average is:%5.1f\n",average);
```

```
    /*循环将每个元素与平均分比较，输出高于平均分的成绩*/
    printf(">average:");
    for(k=0;k<N;k++)
        if (score[k]>average)
            printf("%7.1f", score[k]);
    return 0;
}
```

运行结果：

```
Enter 10 scores:90 80 70 60 50 75 85 45 95 100
the average is: 75.0
>average:    90.0    80.0    85.0    95.0   100.0
```

本例中，为了在调试程序时便于检查程序运行结果的正确性，将学生数 N 定义为符号常量（10），程序调试通过后，再将 10 改为 20 即可。

例 6.3 求某数列的前 20 项：1,1,2,3,5,8,13,21…，并以每行 5 个数的格式输出，每个数据显示宽度为 6 列。

案例分析：仔细分析数列中的数据可知，从第三项开始，每个数据都是前两项之和。设 n 为数据在数列中的位置，则上述数列可用如下表达式计算：

$$\begin{cases} f_1=1 & (n=1) \\ f_2=1 & (n=2) \\ f_n=f_{n-1}+f_{n-2} & (n>2) \end{cases}$$

数据说明：设数列中的 20 个整数用一维数组 data 来保存，n 表示数组元素的下标。

算法分析：

（1）将第一个和第二个数存入数组元素 data[1]和 data[2]。为了使数据项的序号与数组的下标一致，定义数组 data 的长度为 21，空出 data[0]不用。

（2）从第三个数据开始，每一项都是前两项的和。可用循环实现：循环体为“计算 data[n]=data[n-1]+data[n-2]”，每循环一次计算一个元素；循环条件为“n<=20”；n 的初值为 3；改变规律为“n++”。

（3）输出数组中的每一个元素。用循环实现每个数据项的输出，难点是如何控制每行输出 5 个元素。可用条件“n%5==0”实现，当 n 是 5 的倍数时，输出一个'\n'。

源程序：

```
#include <stdio.h>
int main()
{
    int f[21],k;                //定义数组 f，长度为 21
    f[1]=f[2]=1;                //将数列的前两个数存入数组元素 f[1]和 f[2]
    for(k=3; k<=20; k++)        //从第三项开始，用前两项的和计算获得该项的值
        f[k]=f[k-1]+f[k-2];
    //输出数列的前 20 项
    printf("\n number list:\n");
    for(k=1; k<=20; k++)
    {
        printf("%12d", f[k]);
```

```
        if(k%5==0)          //控制每行输出 5 个数
            printf("\n");
    }
    return 0;
}
```

运行结果：

```
number list:
         1         1         2         3         5
         8        13        21        34        55
        89       144       233       377       610
       987      1597      2584      4181      6765
```

特别提示：

（1）一维数组元素的引用规律：循环处理每一个元素。设要处理的数组 data 有 N 个元素，则常用的数组处理程序为

```
for(i=0;i<N;i++)
    //处理下标为 i 的元素 data[i]
```

（2）输出 n 个数据时，控制每行输出 k 个的方法：当 n%k 等于 0 时，输出一个换行符。

6.2.3　使用一维数组处理一组数据

例 6.4　冒泡排序。用“冒泡法”对 N 个整数由小到大排序。

案例分析：排序的方法很多，有选择法、冒泡法、希尔法、插入法等，不同的方法效率不同。本例采用最基本的冒泡法。

冒泡排序的基本思想：从待排序数列的第一个元素开始，将相邻两个元素比较，按要求的顺序排放；重复以上过程，将所有待排序的元素比较一遍后，最大的元素被换到待排序数列的最后位置；对待排序序列依次重复上述过程，直至全部排完为止。

解决该问题的难点在于如何确定每一遍排序的待排序的元素的下标范围。下面结合实例分析排序过程。设 N=5，初始数据{3,2,10,8,1}存放于数组 data[]中。

第一遍排序的过程见表 6.1。第一遍待排序的数据是 data[0]～data[4]，从 data[0]开始，将相邻的两个元素比较，如果 data[i]<data[i+1]，则不需交换，否则需要交换。如此循环 4 次后，完成了一遍排序，最大值（10）成为第一个“泡”，被安排到最后的位置 data[4]。

表 6.1　第一遍的排序过程

顺序	data[0]	data[1]	data[2]	data[3]	data[4]	备注
初始数据	3	2	10	8	1	
第一次	2	3	10	8	1	data[0]>data[1]，3>2，交换
第二次	2	3	10	8	1	data[1]<data[2]，3<10，不交换
第三次	2	3	8	10	1	data[2]>data[3]，10>8，交换
第四次	2	3	8	1	10	data[3]>data[4]，10>1，交换

第二遍的排序与第一遍类似，不同的是待排序的数据是 data[0]～data[3]（因为 data[4]已经排好了序）。第二遍排序的结果是将最大数（8）安排到 data[3]的位置。

如此循环，完成第三遍、第四遍排序后，所有数据都按升序排好。总体排序过程见表 6.2。

表 6.2　总体排序过程

顺序	data[0]	data[1]	data[2]	data[3]	data[4]	备注
第一遍	2	3	8	1	10	排序范围：0～4。最大数：10
第二遍	2	3	1	8	10	排序范围：0～3。最大数：8
第三遍	2	1	3	8	10	排序范围：0～2。最大数：3
第四遍	1	2	3	8	10	排序范围：0～1。最大数：2

总结排序规律：

（1）若待排序数据个数 N=5，则共需要排序 N-1=4 遍。

（2）设 i 从 1 开始，则第 i 遍排序时待排序数列的下标范围是 0～N-i。

（3）排序过程用双重循环实现，其中内层循环完成一遍排序。

源程序：

```
#include <stdio.h>
#define N    5
int main()
{
        int data[N]={3, 2, 10, 8, 1};
        int t,i,j;
        for(i=1;i<N;i++)
                for(j=0;j<N-i;j++)
                        if(data[j]>data[j+1])         /*若相邻两数逆序，则交换*/
                        {
                                t=data[j]; data[j]=data[j+1]; data[j+1]=t;     //交换 data[j]与 data[j+1]
                        }
        printf("after sort:");
        for(i=0;i<N;i++)
                printf("%d    ",data[i]);
        return 0;
}
```

运行结果：

```
1  2  3  8  10
```

排序是程序设计中常用的算法，一定要熟练掌握。请参照例 6.4 中冒泡排序的分析过程，分析选择法排序的实现方法。

选择排序的基本思想：每次从待排序的数列中找到最大的数，与待排序数列中的最后一个交换。比较冒泡排序和选择排序的效率，哪个更高？

例 6.5　统计各分数段的人数。输入某班 n 位学生的英语成绩（人数不定，最多不超过 50 人，输入-1 结束），统计各分数段的人数，统计结果用数组保存并输出。分数段划分：[0,60)，[60,70)，[70,80)，[80,90)，[90,100]。

案例分析：先分析要处理的数据，n 位学生的成绩可用数组 score[50]表示，5 个分数段的人数用一维数组 count[5]存放。分析算法如下所述。

（1）输入：用循环实现 n 个成绩的输入。

（2）统计：将 count 数组中各元素的初始值设为 0；循环处理每一个成绩，判断其属于哪一分数段，然后将对应计数元素 count[i]加 1。

（3）输出：循环输出数组 count 中的各元素，即各分数段的人数。

源程序：

```
#include <stdio.h>
#define N    50
int main()
{
    float score[N];                         //定义成绩数组
    int count[5],n,i,t;                     //定义统计结果数组 count，循环变量 i，成绩数 n，临时变量 t
    //输入成绩
    printf("Enter score(-1 for end):");
    i=0;
    while(1)
    {
        scanf("%f",&score[i]);
        if(score[i]==-1)
            break;
        i++;
    }
    n=i;                                    //将实际成绩数赋给 n
    //统计
    for(i=0;i<5;i++)                        //统计数组赋初值 0
        count[i]=0;
    for(i=0;i<n;i++)                        //循环处理每个成绩
    {
        t=(int)score[i]/10;                 //取出成绩的十位数
        switch(t)
        {
        case 10:
        case 9:   count[4]++;break;
        case 8:   count[3]++;break;
        case 7:   count[2]++;break;
        case 6:   count[1]++;break;
        default:  count[0]++;
        }
    }
    //输出统计结果
    printf(" [0,60)，[60,70)，[70,80)，[80,90)，[90,100]\n");
    for(i=0;i<5;i++)
        printf("%7d,",count[i]);
    return 0;
}
```

运行结果：

```
Enter score(-1 for end):45 60 65 70 76 80 87 90 95 100 -1
 [0,60)，[60,70)，[70,80)，[80,90)，[90,100]
     1,     2,     2,     2,     3,
```

6.3 二维数组

一维数组可以表示一组数据，那么如何表示由多组数据组成的一批数据？

例如，某班有 30 人，期末考 4 门课，考试成绩见表 6.3 中的阴影部分。

表 6.3 学生成绩表

学号	英语	高数	C 语言	毛概
1001	87	91	78	85
1002	69	84	79	95
1003	88	69	79	89
…	…	…	…	…
1030	87	89	99	67

对表 6.3 中的数据分析如下：

（1）要处理的成绩共有 120 个，都是 float 型。

（2）如果分成 30 组，每组 4 个，则每组表示某一个人的成绩。

（3）如果分成 4 组，每组 30 个，则每组表示某一门课的成绩。

若用一维数组，虽能表示所有的成绩数据，但不能表示出数据之间的分组关系。

C 语言中用二维数组表示类似二维表格的多组数组。例如，上述成绩可以用二维数组表示，代码如下：

```
float score[30][4];
//30 行 4 列，表示 30 人、每人 4 门课的成绩，每行为一个人的成绩，每列为一门课的成绩
float sc[4][30];
//4 行 30 列，表示 4 门课、每门课 30 人的成绩，每行为一门课的成绩，每列为一个人的成绩
```

二维数组在逻辑上可以看作由若干行、若干列组成的二维数据表格或矩阵，这批数据有如下特点：

（1）数据类型相同，并且是由个数相等的多组数据组成（字符数组除外）。

（2）每组数据表示一个完整的含义，可看作一个整体。

6.3.1 二维数组的定义与初始化

1. 定义二维数组的一般形式

定义二维数组的一般形式如下所示。

```
类型名    数组名[常量表达式 1][常量表达式 2]，…；
```

其中常量表达式 1 和常量表达式 2 分别确定了数组的第一维和第二维的长度，可以理解为行数和列数。

例如，int a[2][3];定义了二维数组 a，其包含 2 行 3 列共 6 个元素，每一个数组元素都是整型。注意，每一维的下标都从 0 开始。第一行的元素是 a[0][0]、a[0][1]、a[0][2]，第二行的

元素是 a[1][0]、a[1][1]、a[1][2]，如图 6.2 中的虚线框内所示。

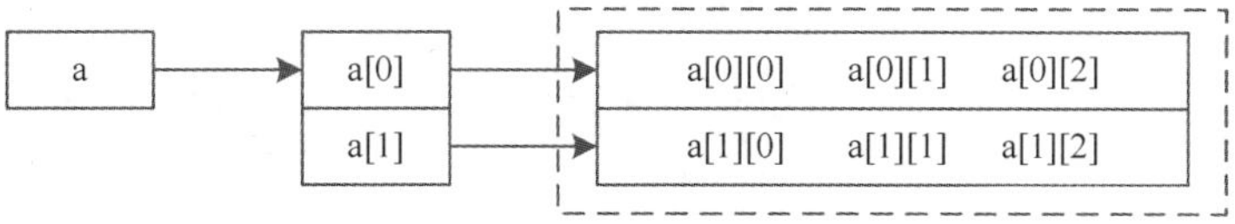

图 6.2　二维数组的元素

特别提示：二维数组可以看作一维数组，该一维数组的每个元素又是一个一维数组。

如图 6.2 所示，数组 a 可以看作一维数组，长度是 2，包含两个元素 a[0]和 a[1]，其中 a[0]是包含 3 个元素（a[0][0]、a[0][1]、a[0][2]）的一维数组。同理，a[1]也是包含 3 个元素（a[1][0]、a[1][1]、a[1][2]）的一维数组。

多维数组的定义方法与定义二维数组类似，例如，

```
int data[3][30][4];
```

该语句定义了三维数组 data，它可以保存 3 个班、每班 30 人 4 门课的成绩。

2. 二维数组的存储

二维数组在内存中也是占用一片连续的存储区域，数组元素的排列顺序是“按行存放”。比如上面定义的数组 a 的元素的存放情况如图 6.3 所示，先存放第一行的元素（a[0][0]、a[0][1]、a[0][2]），再存放第二行的元素（a[1][0]、a[1][1]、a[1][2]）。

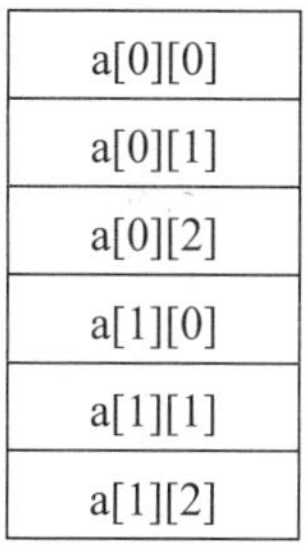

图 6.3　二维数组的存放情况

3. 二维数组的初始化

与一维数组类似，二维数组的初始化方法有以下几种情况。

（1）初值可以分行，也可以不分行，例如，

```
int a[2][3]={{1, 1, 1}, {2, 2, 2}};          /*分两行*/
int a[2][3]={1, 1, 1, 2, 2, 2};              /*不分行，系统自动按照存储顺序赋值*/
```

以上两条语句效果相同，都实现将数组的第一行元素 a[0][0]～a[0][2]赋初值 1、第二行元素 a[1][0]～a[1][2]赋初值 2。

（2）可以只对部分元素赋初值，例如，

```
int a[2][3]={1,2};
int b[2][3]={{1},{-1,3}};
```

上述两条语句给数组 a 的前两个元素赋初值，即给 a[0][0]赋初值 1，给 a[0][1]赋初值 2，其余元素的值为 0；给数组 b 的第一行的第一列元素 a[0][0]赋初值 1，给第二行的第一、二列元素 a[1][0]、a[1][1]赋初值-1、3，其余元素的值为 0。

（3）在对全部数组元素赋初值时，可以不指定第一维的数组长度，但第二维的数组长度不可省略，例如，

```
int a[ ][3]={1,2,3,4,5,6};          /* 自动计算出数组 a 第一维的长度为 2 */
```

比较上述初始化方法可知，采用分行赋值的方法最清晰，因此最常用。

6.3.2　二维数组的引用

数组必须“先定义、后引用”。二维数组元素引用的一般形式：

数组名[行下标][列下标]

二维数组元素由数组名和两个下标确定，每个下标都用方括号括起来。下标可以是整型表达式，每一维的下标都从 0 开始，引用数组元素时要注意避免越界访问。

例 6.6 输出矩阵。编程输出以下矩阵，采用数组初始化方式确定矩阵的元素。

$$\begin{pmatrix} 1 & 2 & 3 \\ 4 & 5 & 6 \\ 7 & 8 & 9 \end{pmatrix}$$

案例分析：矩阵用二维数组表示，三行三列，初值为 1～9，采用初始化方式给数组元素赋值。设行、列下标用 i、j 表示，输出矩阵需要用双重循环，第一层循环的循环体是“输出第 i 行”，输出每一行也用循环实现。

源程序：

```
#include <stdio.h>
int main()
{
    int data[3][3]={{1,2,3},{4,5,6},{7,8,9}};        //定义二维数组 data 并初始化
    int i, j;                                         //i、j 分别表示行、列下标
    /*输出矩阵*/
    for(i=0;i<3;i++)
    {   /*输出第 i 行*/
        for(j=0;j<3;j++)
            printf("%4d",data[i][j]);
        printf("\n");                                 //输出一行后，换行
    }
    return 0;
}
```

运行结果：

```
1   2   3
4   5   6
7   8   9
```

例 6.7 输入某班 N（30）个人期末考试 4 门课的成绩，计算每人的平均成绩，按每行 10 个数据输出平均成绩。

案例分析：

（1）数据：N 个人 4 门课的成绩可用二维数组表示，N 个人的平均成绩可用一维数组表示。

（2）算法如下（分别分析每一步如何实现）：

1）输入 N 个人、每人 4 门课的成绩。可用双重循环，外层循环的循环体是“输入一个人的成绩”；一个人有 4 个成绩，又可以用循环实现，循环一次输入一个成绩。

2）计算每人的平均成绩，即计算二维数组中每行元素的平均值，同样用双重循环实现。

3）输出每个人的平均成绩，用一层循环实现。

源程序：

```
#include <stdio.h>
#define N 5
int main()
```

```
{
    float score[N][4], aver[N], sum;    //定义二维数组 score 和 aver，sum 表示成绩的累加和
    int i, j;                           //i、j 分别表示行、列下标
    /*输入 N 人的成绩*/
    for(i=0; i<N; i++)
    {   //输入第 i+1 个人的成绩（从 1 开始计数）
        printf("enter 4 scores for student %d\n", i+1);
        for(j=0; j<4; j++)
            scanf("%f", &score[i][j]);
    }
    /*计算每人的平均分*/
    for(i=0;i<N;i++)
    {   //计算第 i 行的平均值
        sum=0;
        for(j=0;j<4;j++)
            sum+=score[i][j];
        aver[i]=sum/4;
    }
    /*输出每人的平均成绩*/
    for(i=0;i<N;i++)
    {
        if(i%10==0) printf("\n");       //控制每行 10 个数据
        printf("%7.1f",aver[i]);        //输出第 i 个平均成绩
    }
    return 0;
}
```

运行结果：

```
enter 4 scores for student 1
90 90 80 80
enter 4 scores for student 2
80 80 70 70
enter 4 scores for student 3
60 60 80 80
enter 4 scores for student 4
40 40 60 60
enter 4 scores for student 5
70 70 85 85

85.0    75.0    70.0    50.0    77.5
```

本例中设 N=5，只测试了 5 个学生的情况，无法检查每行输出 10 个是否正确。请将 N 改为 13，再运行程序并查看结果。

特别提示：二维数组的引用与一维数组类似，循环逐个访问每个元素，通常采用双重循环，根据实际需要，可以按行访问，也可以按列访问。

若按行访问数组中的元素，常用的循环程序如下：（设有 int data[row][col];）

```
for(r=0;r<row;r++)
    for(c=0;c<col;c++)
        //处理元素 data[r][c]
```

思考：若按列访问数组中的元素，循环程序将做怎样改变？

6.3.3 使用二维数组处理多组数据

例 6.8 求 N*N 矩阵的对角线元素之和（设 N=4）。

案例分析：矩阵的对角线有两条，如图 6.4 所示，每行包含两个对角线元素。设矩阵用二维数组 a 表示，i 表示行下标。通过分析图 6.4 中的对角线元素下标的变化规律可知，第 i 行的两个对角线元素分别为 a[i][i]、a[i][N-i-1]。若用变量 s1、s2 表示两条对角线元素之和，通过循环将每行的两个对角线元素分别加入 s1、s2 即可。

a[0][0]	a[0][1]	a[0][2]	a[0][3]
a[1][0]	a[1][1]	a[1][2]	a[1][3]
a[2][0]	a[2][1]	a[2][2]	a[0][3]
a[3][0]	a[3][1]	a[3][2]	a[3][3]

图 6.4 4*4 矩阵对角线

源程序：

```
#include <stdio.h>
#define   N   4
int main()
{
    int a[N][N], i, j, s1, s2;
    //输入矩阵：按行输入
    printf("\n enter matrix :");
    for(i=0; i<N; i++)
        for(j=0; j<N; j++)
            scanf("%d", &a[i][j]);

    //计算对角线元素之和
    s1=s2=0;
    for(i=0; i<N; i++)
    {
        s1+=a[i][i];   s2+=a[i][N-i-1];
    }
    printf("sum=%d", s1+s2);
    return 0;
}
```

运行结果：

```
enter matrix :1 1 1 1 2 2 2 2 3 3 3 3 4 4 4 4
sum=20
```

例 6.9 求矩阵的最大值及位置。求一个 3 行 4 列矩阵中的最大值及其行号、列号（若有相同的最大值，则输出第一个的位置）。

案例分析：求最大值的基本思路为，假设数组的第一个元素为最大值，赋给最大值变量 max，并记录行号、列号（row=0，column=0）；然后循环将数组中的每个元素都与 max 进行比较，若比 max 大，则将其值赋给 max，并将其行号、列号赋给 row、column；访问二维数组的各元素用二重循环实现。

源程序：

```
#include <stdio.h>
int main()
{
	int i, j, row, column, max;		//max 表示最大值，row、column 表示最大值的下标
	int matrix[3][4]={{1,2,3,4},{9,8,7,10},{-9,10,-5,2}};	//定义二维数组并初始化
	//初始化最大值变量及其下标
	max=matrix[0][0];
	row=column=0;
	//循环将数组的元素与 max 比较
	for(i=0;i<3;i++)
		for(j=0;j<4;j++)
			if(matrix[i][j]>max)
			{
				max=matrix[i][j];
				row=i; column=j;
			}
	//输出最大值及其下标
	printf("max=%d\n row:%d, column:%d\n",max,row,column);
	return 0;
}
```

运行结果：

```
max=10
 row:1, column:3
```

6.4　字符数组与字符串

数组的类型是根据要保存的数据的类型确定的。当需要保存姓名、学号、地址、电话号码等符号类数据时，需要用字符型的数组表示。

6.4.1　一维字符数组的定义与引用

字符数组中的一个元素存放一个字符。C 语言中的字符可以包括字母、数字、专用字符、转义字符等，字符要用单引号括起来。

字符数组的定义和引用方法与前面介绍的一维、二维数组类似。

例 6.10 译密码。将给定字符序列"computer"中的每个字符转换成 26 个字母表中它后面的第二个字符。例如，将字符'c'转换成字符'e'。（假设字符都是小写字母，且默认字符'z'后面的第一个字符是'a'。）

源程序：

```
#include <stdio.h>
int main()
{
    char c[8]={ 'c', 'o', 'm', 'p', 'u', 't', 'e', 'r'};    //定义字符数组并初始化
    int i;
    //循环转换每个字符
    for(i=0;i<8;i++)
    {
        c[i]+=2;
        if(c[i]>'z')
            c[i]-=26;
    }
    //输出转换后的每个字符
    for(i=0;i<8;i++)
        putchar(c[i]);
    return 0;
}
```

运行结果：

```
eqorwvgt
```

本例中的字符转换是通过对字符的运算（加 2）得到的。在第 2 章的数据类型中曾介绍过，字符在计算机中保存的是字符的 ASCII 码，而且字符的编码是有规律的。比如大写字母、小写字母、数字字符的编码都是连续的，即'a'的 ASCII 码值为 97，'b'的 ASCII 码值是 98，'c'的 ASCII 码是 99，依此类推。因此，字符 c[i]+2 就得到了 c[i]之后的第二个字符。但是当加 2 后的 ASCII 码值超出了'z'，应该减去 26（因为字母个数是 26），例如，'z'+2-26 就是字符'b'。

```
char c[8]={ 'c', 'o', 'm', 'p', 'u', 't', 'e', 'r'};
```

等价于

```
char c[8];
c[0]='C'; c[1]='o'; c[2]='m'; c[3]='p'; c[4='u'; c[5]='t'; c[6]='e'; c[7]='r';
```

以上语句定义了字符数组 c，包含 8 个元素。在赋值以后数组 c 中各元素的存储情况如图 6.5 所示。

'c'	'o'	'm'	'p'	'u'	't'	'e'	'r'
c[0]	c[1]	c[2]	c[3]	c[4]	c[5]	c[6]	c[7]

图 6.5　字符数组的存储

思考：

（1）字符数组与整型数组的定义和访问方法基本相同，只是数据类型不同，为何要单独来讨论呢？

（2）数组不能作为一个整体操作，只能对数组元素进行操作，比如输入、输出数组元素。而程序中要处理的姓名、学号、地址等字符数据通常是作为一个整体使用的，逐个字符处理既不方便也没必要，如何改进？

6.4.2　用字符数组保存字符串

字符数组通常用于保存字符串。与整型、实型数组有很多不同，字符串是可以作为一个

整体进行操作的。例如，姓名、学号、地址、电话号码等通常都是用字符串表示。

字符串是用双引号括起来的字符序列。例如，"C language" "A" "Computer" "13305316688"等都是合法的字符串。在 C 语言中，没有字符串数据类型，字符串是用字符数组来存放的。

特别提示：字符串与字符数组的不同点在于，字符串的末尾有字符串结束标志'\0'。字符串存储时，系统自动在其末尾加上一个字符串结束标志'\0'。

若定义　char str[]="computer";，则字符数组 str 中存储的字符如图 6.6 所示。

'c'	'o'	'm'	'p'	'u'	't'	'e'	'r'	'\0'
str[0]	str[1]	str[2]	str[3]	str[4]	str[5]	str[6]	str[7]	str[8]

图 6.6　字符数组的存储

与 6.4.1 节中定义的数组 char c[8]={ 'c', 'o', 'm', 'p', 'u', 't', 'e', 'r'};及图 6.5 相比，数组 str 的末尾多了一个字符'\0'，因此 str 数组的长度为 9。虽然两个字符数组中的字符基本相同，但字符数组 c 中保存的是多个字符而不是字符串。

字符串中有效字符的个数称为字符串的长度。例如，字符串 str 的长度是 8。

特别提示：定义字符数组时，其长度至少要比字符串的长度加 1，用于保存字符串结束标志'\0'。

即学即练：设有如下的代码定义，则下面的叙述中，(　　) 是正确的。

```
char a[ ]="ABCDEF";
char b[ ]={'A', 'B', 'C', 'D','E','F'};
```

A．a 和 b 完全相同　　　　B．a 和 b 只是长度相等

C．a 和 b 只是名字不同　　　　D．a 数组长度比 b 数组大 1

例 6.11　输入一行字符串（设长度不超过 80），统计其长度，并输出该字符串及其长度值。

案例分析：字符串可以用字符数组保存，输入字符串可以调用 gets()函数实现，输出字符串可以调用 printf()函数实现。统计字符串的长度，可以用循环统计字符的个数：从第一个字符开始，逐个判断当前字符是否等于字符串结束标志'\0'，如果不等，即为有效字符，计数变量加 1；若相等，则结束循环。

源程序：

```
#include "stdio.h"
int main()
{
    char str[80]; int i,n=0;              //用字符数组 str 保存字符串，n 表示字符个数
    printf("\n enter a line character:");
    gets(str);                            //用 gets()输入字符串
    i=0;
    while(str[i]!='\0')                   //以'\0'作为循环结束标志
    {
        n++; i++;
    }
    printf("\n string: %s", str);         //输出字符串，格式控制符用%s
    printf("\n length: %d", n);
```

```
    return 0;
}
```

运行结果：

```
enter a line character:c language

string: c language
length: 10Press any key to continue
```

用 gets()函数输入字符串时，系统自动将输入的回车符转换成'\0'存入字符串的末尾。程序中，字符串的长度事先是不确定的，但可以用字符串的末尾的'\0'作为循环结束的条件，适合用 while 语句实现。

输入字符串还可以调用 scanf()函数实现，输出字符串还可以调用 puts()函数实现。各函数的使用区别见 6.4.3。

特别提示：

处理字符串中的字符时，常用 while 循环（利用字符串结束标志'\0'），设有 char str[80];，则常用循环程序如下：

```
k=0;
while(s[k]!='\0')
{
    // 处理 s[k]
    k++;
}
```

6.4.3 字符串的常见操作

与普通字符数组相比，使用字符串处理字符型数据的好处有以下两点。

（1）字符串可以整体输入输出，而整型、实型等类型的数组只能逐个引用其中的数组元素。

（2）字符串末尾的结束标志'\0'可用于字符串处理中的循环结束标志，因此在循环处理字符串中的字符时不需要关心字符串的长度。

字符串的常见操作有字符串的输入、输出、复制、连接、截取等，C 编译系统提供了丰富的字符串操作的库函数。使用这些函数时，必须在程序前面用命令行指定包含标准头文件"string.h"，即：

```
#include <string.h>
```

案例：字符串处理函数综合应用。输入两个字符串 str1 和 str2，计算并输出两个字符串的长度，比较两个字符串的大小（结果为：str1>str2 或 str1<str2 或 str1=str2），将字符串 2 连接到字符串 1 的后面，输出连接后的字符串。

要编程实现以上功能，需要先查阅相关字符串处理函数，了解其功能和调用格式。

1．字符串的输入

scanf()函数和 gets()函数都能实现字符串的输入，但二者各有特点，需要区别使用，一般常用 gets()函数。

（1）用 gets()输入字符串的一般调用格式如下：

```
gets(str);
```

其中，str 可以是用于接收输入的字符串的字符数组名，该数组必须是已经存在的，例如，

```
char str1[20];
gets(str1);
```

上述语句的功能：读入用户输入的全部字符（包括空格），直到遇到回车符为止，并将回车符转换成字符串结束标志'\0'，存入到字符数组 str1。

若输入下述字符串，

```
beautiful girl
```

则 str 数组中的字符元素如图 6.7 所示，末尾的'\0'是将读入的回车符转换来的。

'b'	'e'	'a'	'u'	't'	'i'	'f'	'u'	'l'	' '	'g'	'i'	'r'	'l'	'\0'

图 6.7　字符串的输入结果

（2）用 scanf()输入字符串的一般调用格式如下：

```
char str2[10];
scanf("%s", str2);
```

上述语句的功能：读取从键盘输入的一串字符，格式控制符用"%s"表示，以空格或回车符结束，第二个地址参数用接收字符串的字符数组名 str2（因为数组名代表数组的首地址）。系统自动在末尾加一个字符串结束标志'\0'，存入字符数组 str2。

若依旧输入字符串"beautiful girl"，则读入 str2 中的字符是"beautiful"，因为用 scanf()语句输入时，默认将空格作为数据之间的分隔符，因此它只能输入不含空格的字符串。

另外，用 scanf()可以一次输入多个字符串。比如有以下 scanf()函数语句：

```
scanf("%s%s",str1,str2);
```

若执行时输入字符串：

```
beautiful girl
```

则将字符串"beautiful"存入字符数组 str1 中，将"girl"存入字符数组 str2 中，并分别在两个字符串的末尾加上结束标志'\0'。

特别提示：因为 scanf 只能读入不含空格的字符串，因此编程时，一般用 gets 输入字符串。

2. 字符串的输出

用 printf()函数或 puts()函数都能实现字符串的输出，使用时需要根据实际情况选择使用。

（1）printf()函数：一次可以输出一个或多个字符数组中的字符串，其调用格式如下所示。

```
printf("%s, %s ", str1, str2);          //设 char str1[80], str2[80];
```

该语句中用"%s"格式符控制输出一个字符串，输出项必须是字符数组名。字符串的结束标志'\0'并不输出，也不会转换成'\n'。

（2）puts()函数：一次输出一个字符串，其调用格式如下所示。

```
puts(str);
```

上述语句输出字符串 str，并将字符串结束标记'\0'转换成'\n'输出。因此用 puts()函数时一次输出一行，不必另加换行符。

例 6.12　分别用以上两种方法（printf 函数和 puts 函数）输出两个字符串。

源程序：

```
#include "stdio.h"
int main()
{
```

```
        char s1[30]="work",    s2[20]="hard";        //定义两个字符数组，并用字符串初始化
        printf("%s,%s",s1,s2);                        //输出两个字符串
        puts(s1);                                     //输出一个字符串
        puts(s2);
        return 0;
}
```

运行结果：

```
work,hardwork
hard
```

分析输出结果，比较两种输出方法的不同之处。

思考：若要求输出字符串 s1 和 s2 分别占 10 列字符的宽度，该用哪个函数？如果对输出格式没有要求，用哪种方法更简单？

即学即练：以下程序段的运行结果是（　　）。

```
void main()
{
        char ch[3][4]={"123","456","78"};
        int i;
        for(i=0;i<3;i++)
        {
                printf("%s",ch[i]);
                puts(ch[i]);
        }
}
```

3. 求字符串长度函数 strlen()

一般调用形式：

```
strlen(str)
```

功能：返回字符串的长度。（注意，该长度为字符串有效字符的长度，不包括'\0'。）例如，

```
strlen("computer");    //计算字符串"computer"的长度，结果为 8
```

4. 字符串复制函数 strcpy()

一般调用形式：

```
strcpy(str1, str2)
```

功能：字符串复制。即把字符串 str2（源串）的内容复制到字符串 str1（目的串）中。（注意，str1 必须足够大，以容纳复制后的字符串。）

例如，strcpy(str1,"china"); 的作用是将"china"这个字符串复制到 str1 所指的字符数组中。注意，不能直接用赋值语句对一个数组整体赋值。例如，下面的语句是非法的。

```
str1="china";
```

在向 str1 数组复制数据时，字符串结束标志'\0'一起被复制到 str1 中。

5. 字符串连接函数 strcat()

一般调用形式：

```
strcat(str1, str2)
```

功能：连接两个字符串，把字符串 str2 连接到字符串 str1 后，返回 str1 的值，即 str1 的首地址。（注意，str1 所指向的空间必须足够大，以容纳连接后的字符串。）

6. 字符串比较函数 strcmp()

一般调用形式：

```
strcmp(str1,str2)
```

功能：从两个字符串中的第一个字符开始逐个进行比较（按字符的 ASCII 码值大小进行比较），直到出现不同的字符或遇到'\0'为止。若全部字符都相同，则两字符串相等，返回 0；若出现了不相同的字符，则以第一对不相同的字符的比较结果为准。若 str1>str2，返回结果大于 0（正数）；若 str2>str1，返回结果小于 0（负数）。比较的结果由函数值带回。

例 6.13 字符串处理函数综合应用。输入两个字符串 str1 和 str2，计算并输出两个字符串的长度；比较两个字符串的大小（结果为 str1>str2、str1<str2 或 str1=str2）；将字符串 2 连接到字符串 1 的后面，输出连接后的字符串。

案例分析：字符串用字符数组保存，字符串的输入用 gets()，字符串的比较用 strcmp()，字符串的连接用 strcat()，字符串的输出用 puts()。

源程序：

```
#include <stdio.h>
#include <string.h>
int main()
{
    char   str1[80],str2[80];                    //定义两个字符数组
    //输入两个字符串
    printf("input 2 strings:\n");
    gets(str1);
    gets(str2);
    //输出两个字符串的长度
    printf("str1:%d, str2:%d\n",strlen(str1), strlen(str2));
    //比较两个字符串的大小
    if(strcmp(str1,str2)>0)
        printf("str1>str2\n");
    else if(strcmp(str1,str2)==0)
        printf("str1=str2\n");
    else
        printf("str1<str2\n");
    //字符串的连接
    strcat(str1,str2);
    puts(str1);                                  //用 puts 函数输出连接后的字符串
    return 0;
}
```

运行结果：

```
input 2 strings:
Do you like programming?
Yes.
str1:24, str2:4
str1<str2
Do you like programming?Yes.
```

使用字符串处理函数时，必须在程序前面用命令行指定包含标准头文件"string.h"。编程过

程中需要对字符串进行处理时，应尽量调用字符串处理函数，避免逐个对字符进行处理使程序变得复杂。

即学即练： 若有语句：char s1[10], s2[10]="books";，则能将字符串"books"赋给数组 s1 的语句是（　　）。

A．s1="books";　　B．strcpy(s1, s2);

C．s1=s2;　　D．strcpy(s2, s1);

本章小结

1．数组用于表示相同类型的批量数据。

2．一组数据可用一维数组表示，多组数据可用二维数组表示。

3．定义数组时根据要保存的数据类型确定数组的数据类型，根据要保存的数据量的大小确定数组的长度，且数组的长度必须是常量。

4．数组元素由数组名和下标唯一地确定。一维数组有一个下标，二维数组有两个下标，且所有的下标都从 0 开始。

5．C 语言中没有数据的越界访问检查，因此编程时要注意下标的范围是 0～N-1（N 为数组的长度）。

6．字符串用字符数组保存，用字符串对字符数组进行初始化或输入字符串时，系统自动在字符串的末尾添加字符串结束标志'\0'。

7．字符串的处理首选字符串处理库函数。如果需要对字符逐个进行处理，常用 while 循环，用'\0'作为循环结束标志。

习 题 6

一、选择题。

1．在 C 语言中引用数组元素时，数组下标的数据类型允许是（　　）。

A．整型常量　　B．整型表达式

C．整型常量或整型表达式　　D．任何类型的表达式

2．对一维整型数组 a 进行初始化的正确的语句是（　　）。

A．int a[10]=(0,0,0,0,0);　　B．int a[10]={ };

C．int a[ ]={0};　　D．int a[10]={10*1};

3．对以下语句的正确理解是（　　）。

```
int a[10]={6,7,8,9,10};
```

A．将 5 个初值依次赋给 a[1]至 a[5]

B．将 5 个初值依次赋给 a[0]至 a[4]

C．将 5 个初值依次赋给 a[6]至 a[10]

D．因为数组长度与初值的个数不相同，所以此语句不正确

4．下面程序的执行结果是（　　）。【提示：注意下标的变化。】

```
#include "stdio.h"
```

```
void main()
{
    int n[3],i,j,k;
    for(i=0;i<3;i++)
        n[i]=0;
    k=2;
    for(i=0;i<k;i++)
        for(j=0;j<k;j++)
            n[j]=n[i]+1;
    printf("\n%d",n[1]);
}
```

A. 1　　B. 2　　C. 3　　D. 4

5. 对二维整型数组 a 进行正确说明的是（　　）。

A. int a[5][4];　　B. float a(5,4);

C. double a[5][];　　D. float a(5)(4);

6. 若有定义：int a[3][4];，则（　　）是对二维整型数组 a 的元素的正确引用。

A. a[2][4];　　B. a[1,3];

C. a[1+1][0];　　D. a(2)(1);

7. 若有定义：int a[][3]={1,2,3,4,5,6,7,8};，则数组 a 的行数为（　　）。

A. 3　　B. 2　　C. 无确定值　　D. 1

8. 下面语句段的执行结果是（　　）。

```
int k;    int a[3][3]={1,2,3,4,5,6,7,8,9};
for(k=0;k<3;k++) printf("%d,",a[k][2-k]);
```

A. 1,5,9,　　B. 3,6,9,　　C. 3,5,7,　　D. 1,4,7,

9. 下述对字符数组的描述中，（　　）是错误的。

A. 字符数组可以存放字符串

B. 字符数组的字符串可以整体输入、输出

C. 可以在赋值语句中通过赋值运算符"="对字符数组进行整体赋值

D. 不可以用关系运算符对字符数组中的字符串进行比较

10. 设有数组定义：char array[]="China";，则数组 array 所占的空间为（　　）字节。

A. 4 个　　B. 5 个　　C. 6 个　　D. 7 个

11. 设有如下程序段：

```
char a[3], b[]="China";
a=b;
printf("%s",a);
```

则编译运行后的结果是（　　）。

A. 运行输出 China　　B. 运行输出 Ch

C. 运行输出 Chi　　D. 编译出错

12. 判断字符串 a 和 b 是否相等，应当使用（　　）。

A. if(a==b)　　B. if(a=b)

C. if(strcpy(a,b))　　D. if(strcmp(a,b))

13．以下程序的输出结果是（　　）。

```
#include <stdio.h>
void main()
{
    char a[]="morming",t;
    int i,j=0;
    for(i=1;i<7;i++)
        if(a[j]<a[i])j=i;
    t=a[j];a[j]=a[7];a[7]=a[j];
    puts(a);
}
```

A．mogninr　　B．mo　　C．morning　　D．morning

14．下面程序的执行结果是（　　）。

```
#include <stdio.h>
#include <string.h>
void main()
{
    char a[80]="AB",b[80]="LMNP";
    int i=0;
    strcat(a,b);
    while(a[i++]!='\0')
        b[i]=a[i];
    puts(b);
}
```

A．LB　　B．ABLMNP　　C．AB　　D．LBLMNP

二、程序分析题。

1．以下程序能否运行？若不能运行，请找出其中的错误。

```
#include "stdio.h"
void main()
{
    int a[3]={1};
    int i;
    scanf("%d",&a);
    for(i=1;i<=3;i++)
        a[0]=a[0]+a[i];
    printf("a[0]=%d\n",a[0]);
}
```

2．以下程序的运行结果是（　　）。

```
#include <stdio.h>
void main()
{
    int i,k,a[10],p[3];
    k=5;
    for(i=0;i<10;i++) a[i]=i;
```

```
        for(i=0;i<3;i++)    p[i]=a[i*(i+1)];
        for(i=0;i<3;i++)    k+=p[i]*2;
        printf("%d\n",k);
}
```

3．以下程序的运行结果是（　　）。

```
#include <stdio.h>
void main()
{
        int b[3][3]={0,1,2,0,1,2,0,1,2},i,j,t=0;
        for(i=0;i<3;i++)
                for(j=i;j<=i;j++)
                        t=t+b[i][b[j][j]];
        printf("%d\n",t);
}
```

4．以下程序的运行结果是（　　）。

```
#include <stdio.h>
#define N 6
void main()
{
        char c[N];
        int i;
        for(i=0;i<N;i++)
                c[i]=getchar();
        for(i=0;i<N;i++)
                putchar(c[i]);
        printf("\n");
}
```

5．当运行以下程序时，从键盘输入：AhaMA_Aha↙（“_”代表空格，↙代表回车），则下面程序的运行结果是什么？

```
#include "stdio.h"
void main()
{
        char s[80],c='a';
        int i=0;
        scanf("%s",s);
        while(s[i]!='\0')
        {
                if(s[i]==c)
                        s[i]=s[i]-32;
                else if(s[i]==c-32)
                        s[i]=s[i]+32;
                i++;
        }
        puts(s);
}
```

【提示：字符'a'的 ASCII 码值是 97，'A'的 ASCII 码值是 65。】

三、程序设计题。

1．输入 N（设 N=10）个整数，再输入一个整数 d，查找 d 在数组中的序号，若找不到，则输出“不存在”。

2．用选择法对 10 个整数进行排序。

3．输入某一天对应的年、月、日，计算该日期是这一年的第几天。

4．设有 N 个整数，已按由小到大的顺序排列。现在要求输入一个数，把它插入到原有数列中，而且仍然保持有序，同时输出新的数列。【提示：编程时应考虑插入的数的各种可能性（插在最前、最后、中间的不同情况）。】

5．若有说明：int a[2][3]={{1,2,3},{4,5,6}};，编程将 a 的转置矩阵（行和列的元素互换）存到另一个二维数组 b 中。

6．某班有 N 个学生，期末考试 M 门课（N、M 为符号常量，比如 10、4），要求：

（1）找出成绩最高的学生序号和课程序号。

（2）找出有不及格课程的学生序号及其各门课的成绩。

7．已有一行文字，要求删去其中某个字符，输出结果。此行文字和要删的字符均由键盘输入。

8．将字符串 a 中下标为奇数（1,3,5,…）的元素值赋给另一个字符串 b，然后输出两个字符串。

9．输入 10 个字符串（长度不超过 20），按由小到大的顺序排序。

第 7 章　函数

本章导读

自顶向下、逐步细化的模块化的分析和设计方法是解决复杂问题的程序设计技术。本章首先介绍了如何用模块化的方法分析复杂的问题，然后结合实例分析如何用函数实现每个功能模块，从而完成整个软件的设计实现，重点介绍函数的定义、函数的调用、函数的声明，在函数调用过程中要明确参数是如何传递数据的。对于有规律的复杂问题，使用递归函数可以实现用简单的程序解决复杂的问题。最后简单介绍了变量的作用范围和存储类型。

本章要点

- 如何用模块化方法分析复杂问题。
- 如何定义函数。
- 如何调用函数，调用函数时参数是如何传递数据的。
- 如何编写递归调用的函数。
- 如何正确使用局部变量和全局变量。

7.1　模块化程序设计方法

对于一个复杂的问题，如何才能编写出结构清晰、层次分明、便于程序员编写、便于阅读和修改的高质量的程序呢？

程序设计的第一步是分析问题，而人脑思维能力的局限性与处理问题的复杂性之间存在如下矛盾：人脑考虑问题是有一定局限性的，当我们分析一个较小的问题时，可以考虑到问题的每一个细节；而当我们分析一个庞大而又复杂的问题时，要想直接考虑到问题的每一步具体操作几乎是不可能的。通常一个完整的系统，往往由几百行、几千行乃至几十万行的程序组成。采用结构化的程序设计方法可以有效地解决复杂系统的设计问题。

结构化的程序设计是一种先进的程序设计技术。它的基本思想包括两个方面的内容：模块化设计和结构化编码。首先采用“自顶向下、逐步细化”的问题分析方法，将一个复杂的问题逐层分解为更小的问题，直至每个小问题都容易被理解和处理；然后“分而治之”，采用结构化的编码方式，分别实现每个模块。在 C 语言程序设计中，每个模块用一个函数实现。

划分模块的一般原则：每个模块完成一项相对独立的功能，模块之间的联系应尽量少，以保证模块的独立性。每个模块对应的函数，其程序代码一般不超过 50 行，这样做的目的主要是为了便于组织和调试程序。

案例：开发设计一个“学生成绩管理系统”，实现学生成绩的录入、查询、统计分析等功能。

按照“自顶向下、逐步细化”的方法分析以上问题。将该任务划分成“成绩输入”“成绩查询”“成绩统计”“成绩打印”4 大部分。这是第一层设计，也叫顶层设计。这时，每个任务还很难直接实现，应再进行划分。比如“成绩输入”又分为“按班级输入”“按课程输入”，“成绩查询”又分为“按学号查询”“按班级查询”“按课程查询”等，这是第二层。如此一层一层地细化，直至每个模块都能很容易实现为止，如图 7.1 所示。

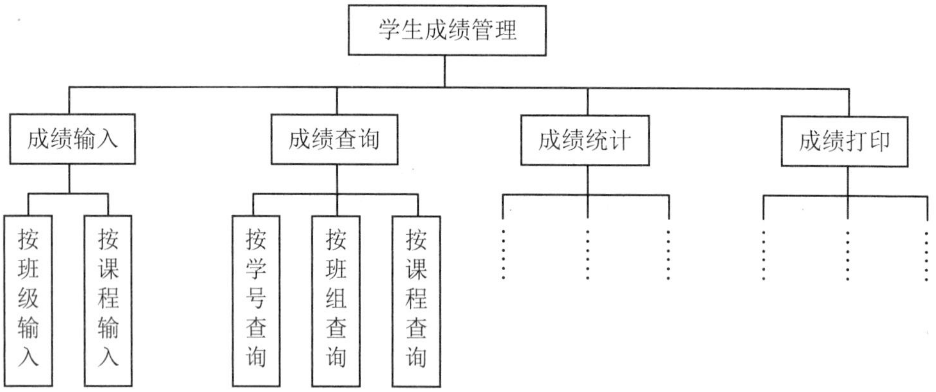

图 7.1　学生成绩管理系统的层次结构图

然后，分别编程实现每个模块的功能。即：采用结构化的编码语言，编写结构化的程序。C 语言是结构化的程序设计语言，用顺序、分支和循环三种基本结构描述程序的功能，每个模块用一个函数实现。

7.2　函数的定义

C 语言虽然提供了丰富的库函数，但不可能满足每个程序中所有功能的需要，因此大量的函数必须由程序员自己来编写。

例 7.1　编写函数 max，求两个整数 x 和 y 中的较大数。

源程序：

```
int max (int x, int y)
{     int z=x;
      if (x<y)   z=y;
      return   z;
}
```

在上述代码中，max 为函数名，它前面的 int 是函数返回值的类型（通常称为函数的类型）。x 和 y 是 max()的两个参数，return 语句用来向函数的调用者返回结果。max()是自定义的函数，不能独立运行，在 main()函数中的调用形式如下：

```
int main()
{
      int a, b, d;
      printf("input a and b:");
      scanf("%d %d", &a, &b);
      d=max(a, b);                    //调用 max()函数，将返回值赋给 d
```

```
    printf("max is: %d\n", d);
    return 0;
}
```

运行结果：

```
input a and b: 20 50
max is: 50
```

本程序中，main()函数在调用 max()函数时，将实际的参数 a 和 b 的值传递给 max()中的形式参数 x 和 y；执行 max()函数体中的语句，求出 z；用 return 语句将 z 的值作为函数值返回 main()函数，赋给 d。

7.2.1 函数定义的一般形式

下面结合例 7.1 分析、总结出函数的一般结构。

1. 函数定义的一般形式

函数定义的一般形式如下：

```
函数类型  函数名(类型名 形式参数 1,类型名 形式参数 2,...)
{
    说明语句
    可执行语句
}
```

一个完整的函数包括两部分：函数头和函数体。

（1）函数头。函数的第一行即函数头，包括函数类型、函数名和形式参数（简称形参）。

函数名是一个标识符，一般函数的命名最好做到“见名知义”。形式参数可以没有，也可以由 1 个或多个参数组成，没有形参时圆括号也不可省略，多个参数之间要用逗号分隔，每个参数包括参数名和参数类型。

（2）函数体。函数头后面用花括号括起来的部分是函数体。函数体描述了函数功能的具体实现过程，一般包括两部分：用于变量定义的说明语句和用于实现数据处理的可执行语句。特殊情况下，函数体内可以没有语句，但括号是不可省略的，这样的函数称为空函数。

2. 函数的返回

当一个函数执行完函数体后，会自动返回。当函数需要将一个执行结果返回给调用该函数的上层函数，或者在函数体中需要的地方返回上层函数时，需要通过 return 语句返回。

return 语句的一般形式有如下三种。

```
return 表达式;
return (表达式);
return ;
```

return 语句中的表达式的值就是函数值。此表达式值的类型必须与函数头所说明的函数类型一致。一个函数体中可以有多个 return 语句，但每次只有一个 return 语句会被执行，而且每个 return 语句只能返回一个值。

例 7.2 编写函数，其功能为返回一个实数的绝对值。

```
float absolute(float x)
{   if (x>=0)
        return x;
    else
```

```
        return -x;
}
```

当函数不需要返回值时，函数体中也可以没有 return 语句。此时程序的流程就一直执行到函数末尾的"}"，然后返回调用函数，其作用与空的 return 语句作用一样，这时函数的类型定义为空类型（void），表示没有确定的函数值返回，例如，

```
void print_it( )
{   printf("*********\n");   }
```

3. 空函数

特殊情况下，函数体内可以没有语句，但括号是不可以省略的，这样的函数称为空函数。例如，

```
void dummy(){       }
```

这是一个什么"工作"也不做的函数。函数体为空，只是表明系统中包含这个函数。空函数在程序开发的时候作为一个虚设的部分常常也是很有用的，例如，

（1）预留函数，便于以后扩充程序功能。

（2）便于程序的模块化设计和调试。

一个大的软件系统，一般由若干个模块组成，程序员需要编写若干个自定义的函数，分别实现每个模块的功能。通常的做法是从主程序和一些基本模块开始，编写一个调试一个，对于还未编写的函数要用空函数代替，否则无法编译上层的主程序。另外，采用空函数还方便团队开发，每个团队成员可以只编写自己负责的函数，其他函数用空函数代替。

7.2.2 定义函数的一般步骤

编写函数的一般步骤如下所述。

（1）确定函数名。按照函数实现的功能给函数命名，函数名要符合标识符的命名规则，且要尽量"见名知义"。

（2）确定形参的个数和类型。在定义函数之前，应明确函数需要几个参数，以及每个参数的类型，这需要具体问题具体分析。参数和返回值是函数间的接口，一般情况下，参数至少应包括函数执行时需要的数据。比如，例 7.1 中的函数 max()是求两个整数的较大数的函数，调用这个函数时需要将待处理的两个整型数据传给它，因此，max()函数要有两个整型参数。例 7.2 中的 absolute()函数是求一个实数的绝对值，因此需要一个实型参数。

（3）确定函数的类型，即函数的返回值的类型。这是用户通过运行这个函数所希望得到的结果的类型。比如，例 7.1 中最后应得到两个整数中的最大数，即返回一个整型值。例 7.2 中的 absolute()函数是求一个实数的绝对值，返回值应为实型。

（4）编写函数体。只有在函数头明确后，才能开始编写函数体。

对于初学者，编写函数的最大难点是确定函数的形参。下面分析 math.h 中的几个库函数的类型和形参，加深对函数类型和形参的理解。

- 计算 x^y：需要两个参数（指数和底数），返回值为 double 类型。

```
double pow( double x, int y ) {     }
```

- 求正弦：需要一个参数（弧度数），返回值为 double 类型。

```
double sin ( double x ) {   }
```

- 计算字符串长度：参数为字符串（字符数组名），返回值为字符的个数，int 类型。

```
int strlen( char s1[ ] )  {    }
```

- 比较字符串：参数为两个字符串，返回值为比较的结果（-1、0、1）。

```
int strcmp( char s1[ ],  char s2[ ] ) {    }
```

即学即练：写出以下功能对应的函数（函数体可以为空）。

（1）求 n!。

（2）打印小学生算术练习系统的菜单（包括加法练习、减法练习、乘法练习、除法练习、退出）。

（3）求两个整数 m 和 n 的最小公倍数。

例 7.3 编写函数，求两个整数的最小公倍数，并在 main()函数中调用。

案例分析：

- 函数的返回值应为一个整型数，因此函数的类型定义为 int 型。
- 执行该函数时需要的数据有两个，且均为整数，因此函数必须有两个 int 型参数（设参数为 m、n）。

函数体的实现：循环用 k*m 除以 n（k 的初值为 1），若能整除，则 k*m 即两数 m、n 的最小公倍数；否则，k++，重复用 k*m 除以 n。

源程序：

```
#include <stdio.h>
//定义 min_ multiple()函数
int min_multiple( int m , int n)
{
    int k=1;
    while(k*m%n!=0)
        k++;
    return  k*m;
}
//定义主函数
int main()
{
    int a,b,z;
    printf("enter 2 integers:");
    scanf("%d%d",&a,&b);
    z= min_multiple(a,b);      //函数调用
    printf("the min_common_multiple of %d and %d is:%d\n", a,b,z);
    return 0;
}
```

运行结果：

```
enter 2 integers:6 9
the min_common_multiple of 6 and 9 is:18
```

本例中，在 main()函数中可以直接调用已定义的 min_multiple()函数求参数 a 和 b 的最小公倍数。

特别提示：C 语言中，所有函数在定义时都是互相独立的，一个函数并不从属于另一个函数，不能嵌套定义，即不能在一个函数的内部再定义函数。

7.3 函数的调用

定义函数的目的是为了调用该函数，调用函数是函数功能被执行的手段。从程序员的角度看，函数有两种：自己定义的函数和标准库函数。标准库函数是由系统提供的，可以直接调用。程序员已经定义的函数，也可以像库函数一样直接调用。

例 7.1 中，在 main()函数中调用 max()函数：

```
d=max(a, b);
```

例 7.3 中，在 main()函数中调用已定义的 min_multiple()函数求参数 a 和 b 的最小公倍数：

```
z= min_multiple(a,b);
```

函数定义好后，如何才能正确地调用函数呢？下面分别介绍调用函数时参数的对应关系、函数声明以及函数的调用过程。

7.3.1 函数调用的一般形式与调用过程

1. 函数调用的一般形式

函数调用的一般形式如下所示。

```
函数名(实参表列)
```

实参表列是调用函数时需要的实际参数（简称实参）列表。实参可以是常量、变量、表达式。调用时，实参与形参必须一一对应，实参的个数多于一个时，参数之间用逗号分隔。例如，例 7.1 中的语句“d=max(a, b);”用变量 a 和 b 作为实参。

2. 函数的调用过程

（1）参数传递：调用函数时，首先将实参的值传给形参；然后将控制流程转到被调函数。例如，在例 7.3 中，执行 z= min_multiple(a,b);语句时，首先将实参 a 和 b 的值传递给形参 m 和 n。

（2）执行：执行被调函数的函数体。

（3）返回：当执行到被调函数中的 return 语句、或函数体的最后一个大括号时，返回到主调函数中的断点处继续执行。若被调函数有返回值，则返回的同时将该返回值带回主调函数。

例如，在例 7.3 中，执行 z= min_multiple(a,b);语句时，先调用 min_multiple(a,b)函数，再执行赋值操作。调用 min_multiple(a,b)函数时，首先将实参 a 和 b 的值传递给形参 m 和 n；然后执行函数 min_multiple()的函数体，计算 m 和 n 的最小公倍数；当执行到“return k*m;”语句时，返回到 main()函数的语句“z=min_multiple(a,b);”继续执行；用返回值（表达式 k*m 的值）代替语句中的函数调用 min_multiple(a,b)。

特别提示： return 语句只能返回一个值。当函数需要返回一个以上的值时，需要通过参数传递而无法用 return 返回。

3. 调用过程中的参数传递

调用函数的关键是正确理解函数的形参、实参及参数传递的过程。

（1）形参：定义函数时的参数为形参，此时的参数只是一个标识符，没有具体的值，仅仅表示参数的类型、个数、以及在函数体内对其如何处理，当函数被调用时用来接收实参的值。

（2）实参：调用函数时的参数为实参，它表示该函数要处理的数据的信息；实参可以是常量、变量或表达式，而且实参必须有确定的值；形参是变量，用于接收实参传来的值。

（3）参数传递的过程：调用函数时，系统先计算实参表达式的值，再将实参的值按从左到右的顺序依次赋给形参，因此要求实参与形参必须一一对应，即类型、个数、顺序应一致；否则就会发生“参数不匹配”的错误。

例 7.4　以下程序企图通过调用 swap()函数，交换主函数中变量 x 和 y 中的数据。分析运行结果，思考为什么没有实现预期的效果？

源程序：

```
#include <stdio.h>
//定义函数 swap()
void swap(int a, int b)
{
    int t;
    printf("(2)a=%d     b=%d\n", a, b);
    t=a;a=b;b=t;
    printf("(3)a=%d     b=%d\n", a, b);
}

//定义主函数 main()
int main()
{
    int x=10,y=20;
    printf("(1)x=%d     y=%d\n", x, y);
    swap(x, y);
    printf("(4)x=%d     y=%d\n", x, y);
    return 0;
}
```

运行结果：

```
(1)x=10   y=20
(2)a=10   b=20
(3)a=20   b=10
(4)x=10   y=20
```

从运行结果可以看出，调用 swap()之后，变量 x 和 y 的值并未交换，还是原来的值。为什么呢？

分析程序执行过程中的参数传递情况如图 7.2 所示。调用 swap()函数时，将实参 x 和 y 的值传递给函数 swap()中的对应形参 a 和 b（参数传递实际上执行的是赋值操作，将实参的值赋给对应的形参）。执行函数 swap()，将 a 和 b 的值进行了交换，但由于实参和形参分别是独立的变量，各自有对应的存储单元，因此交换形参 a 和 b 的值对 x 和 y 没有任何影响。当执行完 swap()函数并返回 main()函数后，x 和 y 的值依然是原来的值。

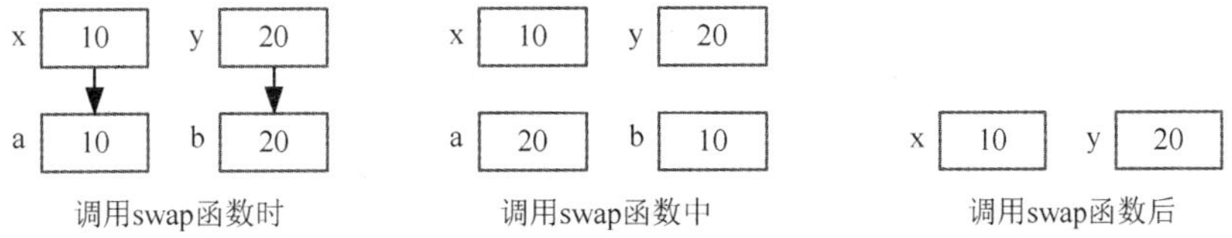

图 7.2　参数传递

特别提示：C 语言中，参数的传递是单向的，即调用时由实参单向传递给形参，形参数据的变化并不影响对应实参的值。

思考：如何编写 swap()函数，才能实现对 main()函数中的两个变量的交换呢？请参阅 7.5 节和 8.2 节的相关内容。

7.3.2 函数声明

C 语言要求函数“先定义、后调用”。因为编译程序时需要知道函数的类型和参数（即函数头）才能检查对该函数的调用是否合法、参数是否匹配等。如果自定义的函数放在主调函数的后面，那么就需要在调用前进行函数声明（或称为函数原型声明）。

函数声明也称为函数原型说明。它描述了函数的调用界面，即函数定义中的函数头部分。

函数声明的一般形式：

```
类型名    函数名(参数类型 1，参数类型 2，…);
```

特别提示：函数声明与函数定义类似，不同之处是函数声明是在函数头的末尾添加了一个分号。

思考：为什么前面的所有例题中，都没有函数声明，程序也能正确运行呢？

因为以上例题中，都是将主调函数放在了被调函数的后面，当编译到函数调用语句时（例如，例 7.1 中的语句 d=max(a,b);），前面已经编译过 max()函数了，所以编译系统能够根据前面已定义的 max()函数的函数头的信息进行调用语句的语法检查。

但是，函数的执行都是从 main()函数开始的，为了提高程序的可读性，一般都把主函数写在最前面，利用函数声明实现函数“先定义后调用”的要求。

例 7.5 编写函数 fact()求 n!，并在 main()中调用（n 由用户输入）。

源程序：

```
#include <stdio.h>
long fact(int);                     /*函数声明*/
int main()
{
    int n; long p;
    scanf("%d",&n);
    p=fact(n);                      /*函数调用*/
    printf("%ld\n", p);
    return 0;
}
long fact( int m)                   /*函数定义*/
{
    int i; long s=1;
    for(i=1;i<=m;i++)
        s*=i;
    return(s);                      /*函数返回*/
}
```

特别提示：使用函数时要遵循“先定义、后调用”的原则。如果被调用的函数定义在前、调用在后，则不需要单独的函数声明；反之则需要在调用前用函数声明语句进行声明。

关于函数声明的位置，有以下几种情况。

（1）函数声明语句的位置一般放在程序文件的开始位置（推荐使用），也可以放在调用函数中（不推荐）。比如例 7.5 中，函数声明可以放在主调函数前面，则后面的所有函数都可以调用该函数；若放在调用函数内声明，则仅在本函数内可以调用。

（2）如果使用库函数，一般应该在本文件开头用#include 命令将调用有关库函数时所需用到的头文件包含到本文件来。例如，例 7.5 中的语句

```
#include <stdio.h>
```

其中“stdio.h”是包含输入输出函数的“头文件”。系统编译前，会用 stdio.h 文件的内容替换#include 语句，因此就相当于在调用输入输出函数前进行了函数声明。

7.4 函数的高级应用

7.4.1 函数的嵌套调用

C 语言规定函数不能嵌套定义，即一个函数不能在另一个函数体中进行定义，但允许函数嵌套调用。所谓嵌套调用指的是在调用 A 函数的过程中，可以调用 B 函数，在调用 B 函数的过程中，还可以调用 C 函数，……；当 C 函数调用结束后，返回到 B 函数，当 B 函数调用结束后，再返回到 A 函数。在复杂的程序中，是经常使用嵌套调用的。

例 7.6 编写函数验证陈景润研究的哥德巴赫猜想：任意大偶数为两个素数之和。计算任意大偶数 x 的两个素数并输出这两个素数（所谓大偶数是指大于等于 6 的偶数）。

案例分析：设变量 x 为任意偶数，i 从 2 变化到 x/2，从所有(x, x-i)的组合中找出两个数都是素数的一个组合。

（1）i 初值为 2。

（2）判断 i 是否是素数。若是，执行步骤（3）；若不是，执行步骤（5）。

（3）判断 x-i 是否是素数。若是，执行步骤（4）；若不是，执行步骤（5）。

（4）输出结果，返回调用函数。

（5）使 i 增 1。

（6）重复执行步骤（2）。

判断一个整数是否为素数的方法已在前面的章节讨论过，在此不再重复。

根据问题分析，本程序可以划分为三个模块：主函数（主程序）、计算一个大偶数的两个素数并输出、判断一个数是否为素数。这三个模块分别用三个函数实现。

源程序：

```
/*函数声明*/
#include <stdio.h>
#include <math.h>
int isprime (int);
void even(int);
/*主函数*/
void main()
{
```

```
        int a;
        printf("Enter a even number(≥6):");
        scanf("%d", &a);
        if(a%2==0&&a>=6)
                even(a);                    /*函数调用语句*/
        else
                printf("The %d isn't even number\n",a);
}
/*计算一个大偶数的两个素数的函数*/
void even(int x)
{
        int i;
        for(i=2;i<=x/2;i++)
                if(isprime(i))
                        if(isprime(x-i))
                        {
                                printf("%d=%d+%d\n",x,i,x-i);
                                return ;
                        }
}
/*判断一个数是否为素数的函数：返回值 1 表示是素数*/
int isprime(int a)
{
        int i, k=sqrt(a);
        for(i=2; i<=k; i++)
                if (a%i==0)
                        return 0;
                return 1;
}
```

运行结果：

```
Enter a even number(≥6):10
10=3+7
```

以上三个函数都是独立定义的，互不从属。在 main()函数中调用 even()函数，在执行 even()函数的过程中又要调用 isprime()函数，这就是函数调用的嵌套。其调用过程如图 7.3 所示。

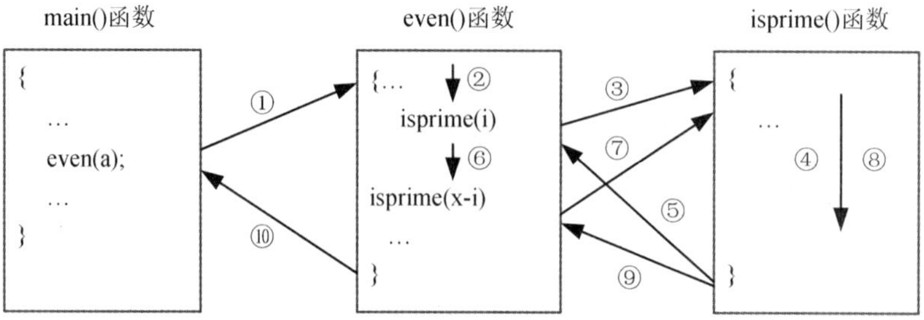

图 7.3　函数的嵌套调用过程

7.4.2 递归函数的定义和调用

在实际学习中，我们经常会发现，有一些复杂问题如果直接去解决可能很麻烦，但如果将其规模变小一些，解决起来就简单多了。递归就是一种减小问题规模的有效方法。

一个问题要采用递归方法来解决的前提是符合以下条件。

（1）可以把一个问题转化为一个新的问题，而这个新问题的解决方法仍与原问题的解法相同，只是所处理的对象有所不同（有规律的递增或递减）。

（2）通过有限次的转化能使问题得到解决。即必须要有一个明确的结束递归的条件，否则递归将会无止境地进行下去。无限次的递归调用在实际应用中没有意义。

下面结合实例来介绍递归程序的设计思路。

例 7.7 计算 n!的递归函数。

n!可用以下递推公式表示：

$$n! = \begin{cases} 1 & （当 n = 0 时） \\ n \cdot (n-1)! & （当 n>0 时） \end{cases}$$

从以上表达式可以看到，当 n>0 时 n!= n·(n-1)!，因此求 n!的问题转化成了求 n·(n-1)!的问题，而求(n-1)!问题与求 n!的解法相同，只是求阶乘的对象的值减了 1，当 n 的值递减至 0 时，n!=1，从而使递归得以结束。

源程序：

```
#include <stdio.h>
//定义递归函数 fac()
double fac(int n)
{
    if( n==0)
        return 1;
    else
        return n*fac(n-1);
}
//定义主函数 main()
int main()
{
    int m;
    printf("输入 m:");
    scanf("%d", &m);
    if(m<0)
        printf("Data Error\n");
    else
        printf("%d!=%10.0f",m,fac(m));
    return 0;
}
```

当 m 大于等于 0 时，调用 fac()函数，fac()函数的返回值为 n*fac(n-1)，其中 fac(n-1)又是一次函数调用，而调用的还是 fac()函数，只不过 fac()函数的参数值变小了。这就是在一个函数中调用自身函数的情况，即函数的递归调用。这种函数称为递归函数。

当 m=4 时，例 7.7 的递归调用的过程如图 7.4 所示。

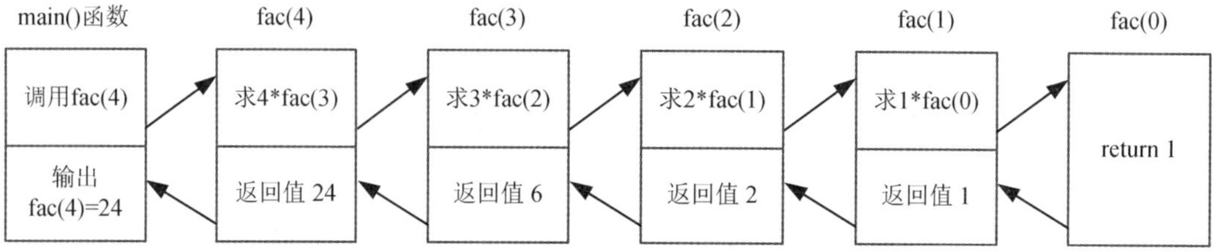

图 7.4　例 7.7 的递归调用过程

从图 7.4 中可以看出，递归调用的过程可分为以下两个阶段。

（1）“递推”阶段。该阶段将原问题不断地分解为新的子问题，逐渐从未知的方向向已知的方向推测，最终到达已知的条件，即递归结束条件，这时递推阶段结束。在例 7.7 中，使递归终止的条件是“n=0”。

（2）“回归”阶段。该阶段是从已知的条件出发，按照“递推”的逆过程，逐一求值回归，最后到达递推的开始处，结束回归阶段，完成递归调用。

从上述的递推过程中可以看出，每递推一次得到的新问题仍是原来的求阶乘，但是求阶乘的数减少了，不断地递推，直到求 0!，而求 0!是已知的，其值为 1，这便是递推的结束条件。接着便开始了回归，用已知的值，即 0!为 1 的值，代回去求出 1!，再求出 2!，最后求出 n!，于是得到了原问题的解。

如上所述，如果在调用一个函数的过程中又出现直接或间接地调用该函数本身，称为函数的递归调用。

递归是一种非常有用的程序设计技术。当一个问题蕴含递归关系且结构比较复杂时，采用递归算法往往要自然、简洁、容易理解，可以减少编程的工作量。有兴趣的读者可以通过下面的汉诺塔问题深入理解递归的应用。

例 7.8　汉诺塔问题。古代印度布拉玛庙里僧侣玩一种游戏。游戏的装置是一块铜板，上面有三根杆 A、B、C，A 杆上有 n 个大小不等的盘子，大的在下，小的在上。要求把这 n 个盘子从 A 杆移到 C 杆，在移动过程中可以借助 B 杆，每次只允许移动一个盘子，且在移动过程中在三根杆上都保持大盘子在下、小盘子在上，要求编程序打印出移动的步骤。

这是一个典型的递归应用问题。把 n 个盘子从 A 经过 B 移到 C 的过程分为以下三步。

1）将 n-1 个盘子从 A 杆借助 C 杆移到 B 杆上（n>1）。

2）将 1 个盘子从 A 杆移到 C 杆上。

3）将 n-1 个盘子从 B 杆借助 A 杆移到 C 杆上。

用 hanoi(n, x, y, z)函数实现将 n 个盘子从 x 杆借助 y 杆移到 z 杆。

源程序：

```
#include   <stdio.h>
void hanoi (int n, char x, char y, char z)
{
        if (n==1)
                printf("%c->%c      ",x,z);
```

```
        else
        {
            hanoi (n-1, x, z, y);
            printf ("%c->%c\n",x, z);
            hanoi(n-1, y, x, z);
        }
}
int main()
{
        int n;
        printf ("  输入：");
        scanf ("%d", &n);
        hanoi (n, 'a', 'b', 'c');
        return 0;
}
```

运行结果：

```
输入：3
a->c    a->b
c->b    a->c
b->a    b->c
a->c
```

在例 7.8 中，采用递归的方法，它不断用复杂性规模为 n-1 的问题去描述规模为 n 的问题，直到问题可以直接求解为止。当 n=3 时，调用情形如图 7.5 所示。

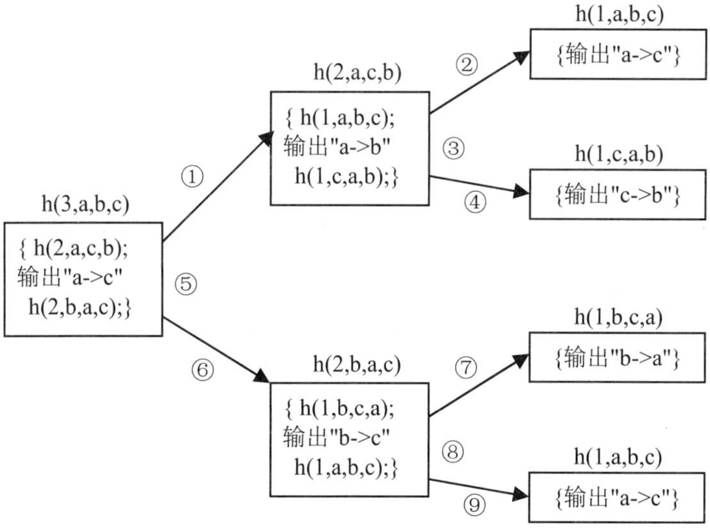

图 7.5　汉诺塔问题的递归调用过程

使用递归调用方法编写的程序简洁清晰，可读性强。因此，递归是算法分析与程序设计的一个重要内容之一。一些能够用递归方法编程的问题，应尽量使用递归方法。

7.4.3 数组名作为函数参数

在前面的例题中，均用简单变量作为函数参数，调用函数时，将实参的值传递给形参。如果函数要处理的数据有很多，比如一个数组，如何设计函数的参数呢？

用数组名作函数参数可以实现函数之间一组数据的“传递”。

例 7.9 编写函数 fun2()，其功能为计算一门课（n 个人）的平均成绩。

案例分析：函数需要返回一个平均值，因此函数的类型为 float。函数需要处理的是一个数组中的一批数据（包含一门课 n 个人的成绩），因此参数有两个：数组名（表示数组的首地址）、数组元素的个数。这两个参数唯一确定一个数组。

源程序：

```
#include <stdio.h>
float fun2(float x[], int n);                    /*函数声明*/
int main()
{
        float a[3]={87.5, 90, 100};
        float ave;
        ave=fun2(a , 3);
        printf("%10.3f\n", ave);
        return 0;
}

float fun2(float x[3] , int n)
{
        float sum=0,aver; int i;
        for(i=0; i<n; i++)    sum+=x[i];
        aver=sum/3.0;
        return (aver);
}
```

运行结果：

```
92.500
```

例 7.9 中，函数的形参数组与实参数组的关系如图 7.6 所示。

a[0]	87.5	x[0]
a[1]	90	x[1]
a[2]	100	x[2]

图 7.6　形参数组与实参数组的关系

调用函数时，将实参数组名 a（即实参数组的首地址）传递给形参 x，使形参数组 x 的起始地址与实参数组 a 相同。也就是说，形参数组就和实参数组共用同一段内存单元。如图 7.6 所示。相当于一个单元、两个名字。在 main 函数中，通过名字 a 访问该数组，在 fun2 函数中，通过名字 x 访问该数组。因此，以数组名作为函数参数时，采取的不是“值传送”方式，而是“地址传送”方式，即把实参数组的起始地址传递给形参数组。

如果在被调函数中改变了形参数组元素的值，实际上实参数组元素的值也发生了改变。当函数返回后，通过实参数组访问的就是已经改变后的元素值，从而实现结果数组从被调函数的“传回”。

例 7.10 编写函数 sort()，用选择法对 n 个整数由大到小进行排序。

案例分析：函数 sort()的类型应为 void 类型；需要两个参数，要排序的数组的名字 b（首地址）、数据的个数 n。函数体的实现：从待排序的数列中找出最大的数，将其与该数列中的第一个数交换，于是排好一个数。重复以上过程 n-1 遍，就完成了对 n 个数的排序。

源程序：

```
#include <stdio.h>
void sort( int b[ ], int n)
{
        int k, j, m, t;
        for(j=0; j<n-1; j++)                          /*循环 n-1 遍，每次排好一个数*/
        {
                k=j;                                  /*变量 k 保存待排序数列中最大值的下标*/
                for(m=j+1; m<n; m++)                  /*循环，找出 b[j]～b[n-1]中的最大值 b[k]*/
                        if(b[m]>b[k])
                                k=m;
                        if(k!=j)
                        {t=b[k]; b[k]=b[j]; b[j]=t; } /*若 b[j]不是最大值，则交换 b[j]与 b[k]*/
        }
}
int main()
{
        int a[5], h;
        printf("\nenter 5 integers:");
        for(h=0;h<5; h++)
                scanf("%d", &a[h]);
        sort(a, 5);
        printf("after sort:");
        for(h=0; h<5; h++)
                printf("%5d" , a[h]);
        return 0;
}
```

运行结果：

```
enter 5 integers:1 2 5 7 3
after sort:     7     5     3     2     1
```

调用 sort()函数时，将数组 a 的首地址传给 b，使得 a 数组和 b 数组共占同一段内存单元。即 a[0]和 b[0]代表同一个单元，a[4]和 b[4]也代表同一个单元，如图 7.7（a）所示。执行 sort()函数时，通过数组 b 交换的实际上是数组 a 中的元素。在调用完毕后，数组 b 不复存在，此时数组 a 的情况如图 7.7（b）所示。在 main()函数中输出数组 a 中各元素的值，是已排序后的值。

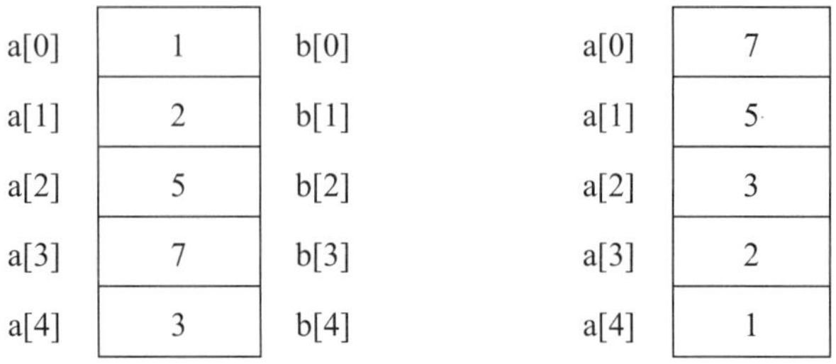

（a）调用 sort()时　　　（b）调用 sort()结束后

图 7.7　例 7.10 中形参数组与实参数组的关系

以数组名作为函数参数时，数据传送的方向是“双向的”，既可从实参数组将数据“传给”形参数组，又可将形参数组中的数据“传回”给实参数组。其实并不是将实参数组元素的值传送给形参数组元素，而只是形参数组与实参数组共用一个数组，在不同的函数内用不同的名访问该数组而已。用“传送”这个词比较形象，易于理解。待后面学习指针相关内容时，我们对此会有进一步的认识。

以数组名作为参数时，实参数组必须定义为具有确定长度的数组，而形参数组名的作用只有一个：接收实参数组的首地址。调用函数时并不另外给形参数组分配内存单元，因此其长度无实际意义，可以省略。

特别提示：当主调函数只需向被调函数传送单个数据而不需传回时，用“传值方式”，如例 7.10 中的参数 n；当主调函数需要向被调函数传送一个数组时，用“传地址方式”，如例 7.10 中的参数 b。但应注意，使用形参数组时，不要超过实参数组的长度，否则出错。

7.5　局部变量和全局变量

问题 1：在结构化的程序设计中，每个模块用一个函数实现。那么一个系统中的多个函数内的变量如果同名，会不会有冲突呢？

答案：不会。因为 C 语言中规定了变量的作用范围，简称作用域。按照变量的作用域不同，将变量分为局部变量和全局变量。

在函数内部定义的变量是局部变量，其有效范围仅限于本函数内；在函数外部定义的变量是全局变量，其有效范围是从定义的位置开始，直到本程序文件的末尾。

除了在函数内定义的局部变量外，形参也相当于局部变量，其作用范围是本函数内；在复合语句中定义的变量也是局部变量，其作用范围是本语句内，作为临时变量使用。

例 7.11　局部变量与全局变量的使用。

源程序：

```
#include <stdio.h>
void fun2();
```

```
int x=100;                          /*全局变量 x */
void main()
{
    float y=0;                      /*局部变量  y*/
    printf("x=%d\ty=%f\n",x,y);                      y 的作用
    fun2();                                          范围
    printf("\nx=%d\n",x);
}

int z=10;                           /*全局变量 z*/                   x 的作用
void fun2()                                                          范围
{
    printf("z=%d\n",z);
    {                               /*复合语句开始*/
        int i;                      /*局部变量  i */        z 的作用
        for(i=1;i<5;i++)                         i 的作用   范围
            putchar('*');                        范围
    }                               /*复合语句结束*/
    x=x*5;
}
```

运行结果：

```
x=100     y=0.000000
****z=10
x=100
```

特别提示：为了提高程序的可读性，通常将局部变量的定义集中放在函数体或复合语句的开始处，将全局变量的定义集中放在文件的开始处。

问题 2：编程时，如何正确使用局部变量和全局变量呢？

通过例 7.11 可以看出，局部变量的作用范围被局限在函数内部，因此使用局部变量的优点是避免了函数之间的变量的相互干扰，实现了函数之间的独立性，方便了程序员的编程；缺点是函数之间的数据交流只能通过传递参数和返回值两种途径。由于函数只能返回一个结果，有时会给编程带来一些麻烦（例如，例 7.4 中用 swap()函数交换主调函数中两个变量的值）。有时，为了解决多个函数之间共同使用多个数据的问题，可以适当使用全局变量，以简化编程。

例 7.12　用全局变量改写例 7.4，实现用 swap()函数交换 main()函数的两个变量的值。

源程序：

```
#include <stdio.h>
void swap();                                        /*函数声明*/
int x,y;                                            /*定义全局变量 x，y */
/*定义主函数 main() */
int main()
{
    x=10;
    y=20;
    printf("before swap:x=%d     y=%d\n", x, y);    /*输出交换前的值*/
    swap();                                         /*调用函数 swap() */
```

```
    printf("after swap:x=%d    y=%d\n", x, y);          /*输出交换后的值*/
    return 0;
}
/*定义函数 swap()*/
void swap()
{
    int t;                                              /*定义局部变量 t */
    t=x;x=y;y=t;                                        /*交换变量 x 和 y 的值*/
}
```

运行结果：

```
before swap: x=10    y=20
after swap:  x=20    y=10
```

本例中使用全局变量 x 和 y 表示要交换的两个数据，使得两个函数都可以对这两个变量进行操作，省去了函数之间传递参数和返回值的不便。

特别提示：全局变量虽然方便了函数之间多个数据的交流，但降低了函数的独立性，使用不当会引起难以查找的错误，因此建议谨慎使用。一般情况下，应尽量使用局部变量，通过函数参数传递数据。

问题 3：如果某函数内的局部变量和全局变量出现了同名的情况，那么在函数内部是否会出现混乱的情况？

回答：不会。因为 C 语言中规定，在同一源程序文件中，当函数内的局部变量与全局变量同名时，则在该函数中局部变量的作用范围内，全局变量被屏蔽，不起作用。

例 7.13 同名的全局变量与局部变量的使用。

源程序：

```
#include <stdio.h>
int d=1;                              /*定义全局变量 d*/
void fun(int p)
{
    int d=5;                          /*定义局部变量 d*/
    d+=p++;                           /*使用局部变量 d*/
    printf("%d",d);
}
int main()
{
    int a=3;
    fun(a);
    d+=a++;                           /*使用全局变量 d*/
    printf("%d",d);                   /*输出全局变量 d*/
    return 0;
}
```

运行结果：

```
84
```

本例中，在函数 fun()中屏蔽了全局变量 d（初值为 1），而使用局部变量 d（初值为 5），它们是两个不同的变量。

*7.6 变量的存储类型

变量是用来保存数据的存储单元。程序被执行过程中，系统会根据变量的类型为其分配相应的存储单元（即创建变量），当程序或函数运行结束时，变量所对应的存储单元将被系统收回（即撤销变量），因此变量是有“生存期”的。

问题1：局部变量和全局变量的生存期有何区别？

（1）局部变量。局部变量仅当该函数被调用时，系统才为其分配存储单元；当函数调用结束返回时，该函数内定义的所有局部变量（包括形参）将被撤销，不复存在，下次被调用时再重新为局部变量分配存储单元。也就是说，局部变量的生存期与它所在的函数的执行周期是一致的。

（2）全局变量。从程序开始运行到整个程序结束，全局变量对应的存储单元一直存在。因此，全局变量的生存期与程序的执行周期相同。

例如，在例7.13中，当程序开始运行时，首先为全局变量d分配存储单元，并执行main()函数，给局部变量a分配存储单元；然后调用fun()函数，给形参变量p分配存储单元，再给局部变量d分配存储单元，执行函数体，返回时撤销变量p和d；继续执行main()函数中的其他语句，直到main()函数结束，才撤销局部变量a、全局变量d。在此过程中，变量的创建和撤销都是由系统自动进行的。

变量的生存期与变量的存储类型有关。C语言中有四种不同的存储类型，分别是auto（自动型）、register（寄存器型）、static（静态型）、extern（外部型）。

特别提示：在程序中定义变量时，应该明确变量的数据类型和存储类型。通常情况下，程序中使用的变量绝大多数是auto类型的局部变量，较少使用static变量，很少使用extern变量和register变量。

1. 自动（auto）变量

自动变量是C程序中使用最多的一种变量。因为建立和撤销这种变量，都是由系统自动进行的，所以称之自动变量。当在函数内部或复合语句内定义变量时，如果没有指定存储类型，或使用了auto说明符，则该变量就是auto类型的。因此，下面两个语句是等价的。

```
int a;
auto int a;
```

使用自动变量的好处是“用之则建，用完即撤”，可以节省大量存储空间。

特别提示：自动型变量的默认初值是随机数，因此该类型的变量必须“先赋值，后引用”。否则，系统会给出警告。

例7.14 使用未赋值的自动变量。

```
#include <stdio.h>
void main()
{    int i;
     printf("i=%d\n",i);
}
```

编译时，将出现如下警告（局部变量i未初始化就使用）。

```
warning C4700: local variable 'i' used without having been initialized
```

运行结果：

```
i=-858993460
```

本例中，i 的值是一个不可预知的数，其值由 i 所在的存储单元当时的状态决定。因此，引用自动变量，必须先对其初始化或对其赋值后才能使用。

2. 静态（static）变量

例 7.15 比较下面两个程序及其运行结果。

源程序 1：

```
#include <stdio.h>
void  increment();
void main()
{
    int i;
    for(i=1;i<=3;i++)
        increment();
}
void  increment()
{
    int x=0;
    x++;
    printf("%d\n",x);
}
```

运行结果：

```
1
1
1
```

源程序 2：在源程序 1 的基础上将 increment()函数进行如下修改。

```
void  increment()
{
    static int x=0;
    x++;
    printf("%d\n",x);
}
```

运行结果：

```
1
2
3
```

本例中的这两个程序的唯一差别就在于局部变量 x 的存储类型不同。

在源程序 1 中，x 是自动型局部变量，每次调用 increment()函数时，系统为 x 分配存储单元，并将其初始化为 0，所以三次函数调用的结果是相同的。

在源程序 2 中，通过 static 将 x 定义为静态局部变量。当程序开始执行时，系统就为 x 分配存储单元，仅当第一次调用 increment()函数时，执行赋初值的语句，以后调用时将直接使用前一次调用后该变量的值，所以每次函数调用的输出结果都是在前一次的基础上执行“x++”后的值。

特别提示：静态局部变量的初始化只有在函数第一次被调用时执行。若变量未被赋初值，则系统默认的初值为0。

静态全局变量与普通全局变量不同的是，该变量的作用范围仅限于本文件内，不能在其他程序文件中被引用。

特别提示：当程序中要多次调用一个函数，且下一次调用时需要使用上一次的值时，可以考虑使用静态局部变量。除此之外，很少使用 static 型变量。

3. 寄存器（register）变量

寄存器是计算机中暂存数据的一些存储单元，它的存取速度比内存快。当把一个变量定义为寄存器变量时，系统尽可能将 CPU 中的一个寄存器分配给它，当可分配寄存器不足时才给它分配存储单元。通常把使用频率较高的变量（如循环次数较多的循环变量）定义为 register 类型，可以大大提高程序效率。但一般情况下，CPU 的运算速度已经足以满足程序需要，因此目前很少使用寄存器变量。

4. 外部（extern）变量

使用 extern 类型可以将全局变量的作用范围扩展到本程序所在的项目中的多个文件中。对于初学者，常用的存储类型是 auto，偶尔会用到 static，因此关于 extern 的使用在此不作详述。

本章小结

1. 使用模块化的程序设计方法可以将复杂的问题分解成层次清楚、易于实现的小问题，方便实现结构化的程序设计。

2. 函数必须先定义、后使用。必要时可以使用函数声明实现在调用函数之后对其进行定义。

3. 函数定义时，要根据功能确定函数的形式参数；调用函数时，实参必须与形参一一对应，即根据函数中的形参确定实参。

4. 函数之间是相互独立的，不能嵌套定义，但可以嵌套调用。

5. 使用递归函数可以用简单的程序解决复杂的问题。分析递归问题时的要点是找出递归结束的条件以及递推的规律。

6. 变量按其作用域分为局部变量和全局变量，按其存储类型分有4种类型，其中最常用的是 auto 类型的局部变量。

习 题 7

一、选择题。

1. C 语言中，关于函数的说法正确的是（　　）。

　A. 函数的定义可以嵌套，但函数的调用不可嵌套

　B. 函数的定义和调用均不可嵌套

　C. 函数的定义不可嵌套，但函数的调用可以嵌套

　D. 函数的定义和调用均可以嵌套

2．设函数 sum 定义如下，其中 void 的含义是（　　）。

```
void sum(){    }
```

A．函数没有返回值　　B．函数执行后不再返回

C．函数返回值为任意类型　　D．以上三个都不对

3．调用函数时，若实参是一个 int 变量，则下面说法正确的是（　　）。

A．实参与形参共用一个存储单元　　B．实参与形参各占用独立的存储单元

C．可以由用户指定是否共用存储单元　　D．由计算机系统自动确定是否共用存储单元

4．C 语言中关于函数的定义，下列说法正确的是（　　）。

A．要调用的函数必须在 main()函数中定义

B．C 语言程序中必须要有 return 语句

C．main()函数必须放在程序开始的部分

D．被调用的函数在调用之前必须已经被定义或者被声明

5．下面叙述不正确的是（　　）。

A．在一个函数内的复合语句中定义的变量只在本函数范围内有效

B．在不同的函数中可以使用相同名字的变量

C．函数中的形参相当于局部变量

D．在一个函数内定义的变量只在本函数范围内有效

6．在函数体外定义的全局变量的作用域是（　　）。

A．本函数范围内　　B．本程序范围内

C．本文件范围内　　D．从定义位置开始至本源程序文件结束

二、程序分析题。

1．以下程序的运行结果是（　　）。若将 static 去掉，结果又如何？

```
#include <stdio.h>
int f(int a);
void main()
{   int a=2, i;
    for(i=0;i<3;i++)
printf("%4d",f (a));
}
int f (int a)
{   int b=0;
    static   int c=3;
    b++;   c++;
    return   (a+b+c);
}
```

2．以下程序的运行结果是（　　）。

```
#include <stdio.h>
void fun(int i ,int j);
void main()
{   int i=2, x=5, j=7;
    fun(j, 6);
    printf("i=%d; j=%d; x=%d\n", i, j, x);
```

```
}
void fun(int i, int j)
{   int x=7;
    printf("i=%d; j=%d; x=%d\n", i, j, x);
}
```

上述程序代码中，main()函数和 fun()函数中都有变量 i、j、x，它们是相同的变量吗？它们各自的作用域与生存期是什么？函数调用时如何进行虚实结合？

3．以下程序的运行结果是（　　）。

```
#include <stdio.h>
int f(int x, int y)
{   int z;
    z=(x<y)?x:y;
    return z;
}
void main()
{   int a=2,b=4,c;
    c=f(a,b);
    printf("%d\n",c);
}
```

4．设有如下程序，若运行时输入：60 70 80 90 100 65 75 85 95 50，则输出结果是（　　）。

```
#include <stdio.h>
float f(float x[],int n)
{   int i; float aver, s=0;
    for(i=0;i<n;i++)
        s+=x[i];
    aver=s/n;
    return aver;
}
void main()
{   float a[10];
    int i;
    for(i=0;i<10;i++)
        scanf("%f",&a[i]);
    printf("average=%f\n",f(a,10));
}
```

三、程序设计题。

1．编写函数 int mymod(int a, int b)，其功能是求 a 被 b 除之后的余数。

2．编写函数计算 1-3+5-7+…+n。【提示：函数应该有一个参数，通过这个参数得到 n 的值。】

3．编写一个函数，其功能是重复打印给定的字符 n 次。

4．写出计算 Ackermann 函数 Ack(m,n)的递归计算函数。对于 m≥0，n≥0，Ack(m,n)定义如下：

Ack(0,n)=n+1

Ack(m,0)=Ack(m-1,1)

Ack(m,n)=Ack(m-1,ack(m,n-1))

5．编写函数求两个整数的最大公约数，用主函数调用这个函数，并输出结果，两个整数由键盘输入。

6．写一个递归函数，求出 Fibonacci 数列的第 n 项。

7．编写函数把任意十进制正整数转换成二进制数。【提示：把十进制数不断被 2 除余数放在一个一维数组中，直到商数为零。在主函数中进行输出，要求不得按逆序输出。】

8．编写函数计算 1-1/2+1/3-1/4+1/5-1/6+1/7- … +1/n。

9．分别写出计算 Hermite 多项式 $H_n(x)$的值的递推和递归函数。$H_n(x)$定义如下：

$H_0(x)=1$ （x=0）

$H_1(x)=2x$ （x=1）

$H_n(x)=2xH_{n-1}(x)-2(n-1)H_{n-2}(x)$ （x>1）

10．写一个将整数转换成字符串的函数 itoa()。

11．综合练习。

编程实现小学生算术练习系统。主菜单包括五项（加法、减法、乘法、除法、退出）；前四项中每一项又包括子菜单；子菜单包括四项（一级练习、二级练习、三级练习、返回），其中一级练习实现 10 以内的整数运算，二级练习实现 50 以内的整数运算，三级练习实现 100 以内的整数运算；进入某一级后，反复练习（由机器产生两个随机数，用户输入运算结果，程序根据运算结果输出“正确”或“错误”）；用户选择“返回”后，给出本级题目中计算正确的百分比。

第 8 章　指针

本章导读

本章提出了一种用于描述“地址”的数据类型——指针。通过指针可以实现数据的间接访问，可以用指针访问数组，用指针作函数参数可以方便地实现主调函数与被调函数之间的数据“传递”等。指针是 C 语言的精华，使用灵活、方便，但使用不当也容易出错。建议初学者先掌握指针的概念和基本应用，然后再探讨指针与数组、指针与函数的综合运用。

本章要点

- 变量、变量的地址、指针之间有何关系。
- 如何定义指针变量。
- 如何使用指针变量实现间接访问。
- 如何通过指针访问数组的元素。
- 如何通过指针实现调用函数的多个返回结果。

8.1　地址与指针

在第 7 章的例 7.4 中，曾经分析过以下程序。

```
#include <stdio.h>
void swap( int a, int b)
{
    int t;
    t=a; a=b; b=t;
}
int main()
{   int x=5,y=6;
    swap(x,y);
    printf("x=%d,y=%d",x,y);
        return 0;
}
```

运行结果：

```
x=5,y=6
```

本程序试图通过调用函数 swap()交换主函数中的两个变量 x 和 y 的值，但实际上并未实现。因为形参和实参分别是不同的变量，函数调用时，将实参的值传给形参，在被调用函数中对形参的改变不影响实参的值。

问题 1：如何才能实现在 swap()函数中交换主函数中的变量的值呢？换句话说，如何将多个结果“返回”给主调函数呢？

最有效的解决方法：通过指针，在被调函数中“间接访问”主调函数中的变量。

要正确理解“间接访问”，首先需要正确理解与“地址”有关的几个问题。

问题 2：什么是地址？变量和地址有何关系？内存单元是如何被访问的？

在计算机中，内存是用于存放正在执行的程序和数据的“仓库”。该“仓库”很大，为了使用方便，将其划分成一个个小的单元（即字节），按单元的排列顺序，给每个单元编号：0、1、2、3、……，这些单元的编号就是“地址”。

程序中定义的每个变量都对应内存中的一个单元（包含一个或几个字节，由系统根据变量的数据类型决定），该单元的标识符就是变量名。例如，程序中有如下定义，

```
int a;
float x;
char str[5];
```

假设 int 型变量占两个字节，float 型变量占 4 个字节，char 型变量占 1 个字节，则程序运行时，系统自动为变量 a 分配两个字节的内存单元（设单元地址为 2000H－2001H），为变量 x 分配 4 个字节（设单元地址为 2010H－2013H），为数组 str 分配 5 个字节（设起始地址是 2020H），如图 8.1 所示。

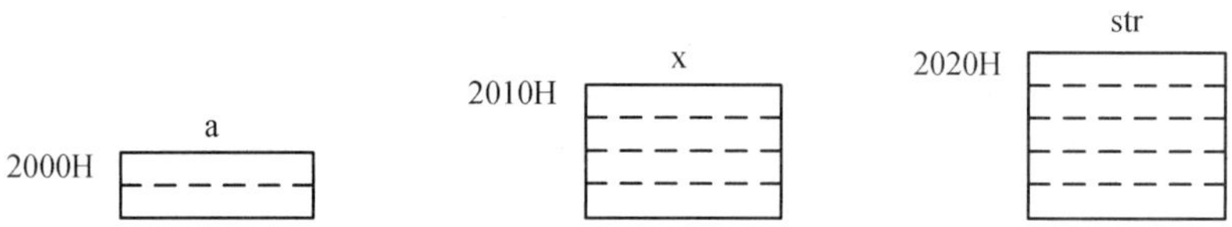

图 8.1　变量的内存分配

在程序中，对变量的访问实际上是对该变量所对应的内存单元的访问。通常，变量的访问方式有两种：“直接访问”和“间接访问”。

（1）直接访问。通过变量名访问变量。例如，执行语句“a=10;”时，实际上将整数 10 存入变量名 a 对应的内存单元 2000H 中。

（2）间接访问。定义一个变量 p（假设 p 的起始地址是 3000H），用于存放变量 a 的地址（2000H）。因为变量 p 中存放的是变量 a 的地址，我们形象地称这种关系为 p 指向 a，如图 8.2 所示。这时，我们可以通过变量 p“间接”访问变量 a：首先取出变量 p 的值 2000H；然后根据地址 2000H 就能访问变量 a 对应的内存单元了（读取该单元的值，或者给该单元赋值）。

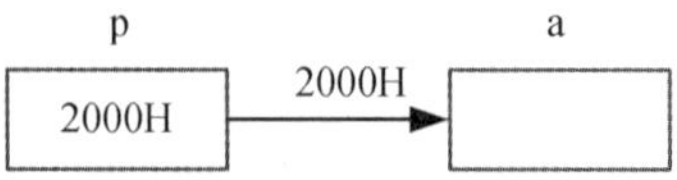

图 8.2　间接访问

问题 3：我们知道，整型是用于表示整数的，实型是用于表示实数的。那么，“地址”这种数据是如何表示的呢？

C 语言中用“指针”这种特殊的数据类型来表示“地址”。换句话说，指针是专门用来描

述内存“地址”的。通俗地说，指针就是地址。

与基本数据类型不同的是，指针是构造类型。一个指针应包含三个方面的内容：指针的类型、指针所指向的数据的类型、指针的值。例如，图 8.2 中的变量 a 的地址 2000H 就是一个指针常量，该指针指向整型变量 a；变量 p 是指针变量，它的值是 2000H，它指向的数据是整型（即变量 a 的类型）。

8.2 指针变量

C 语言用指针变量存放内存地址。与基本类型的变量一样，指针变量也必须“先定义、后使用”。使用指针变量的主要目的是实现“间接访问”和“传地址调用”。

8.2.1 指针变量的定义和初始化

例 8.1 密室寻宝。有一件宝贝，存放于某个密室 a 中。该密室的钥匙存放于某个密室 p 中。下面程序实现了取宝的过程。

源程序：

```
#include <stdio.h>
int main()
{    int   a, *p;                          /*定义 int 型变量 a 和指针变量 p*/
     scanf("%d", &a);
     p=&a;                                 /*取变量 a 的地址并赋给变量 p，即：使 p 指向 a*/
     printf("*p: %d\n",*p);                /*通过指针变量 p 获取 a 的值*/
     printf("&a:%x, p:%x\n",&a,p);         /*输出变量 a 的地址、p 的值*/
     return 0;
}
```

运行结果：

```
2
*p: 2
&a:18ff3c, p:18ff3c
```

本例中用变量 a 存放宝贝（设宝贝是由用户输入的一个整数），用指针变量 p 存放变量 a 的地址（设拿到钥匙就相当于得到了 a 的地址）。从运行结果可以看出，通过指针变量 p 输出了 a 的值。程序中的第二个 printf()函数输出了变量 a 的地址（&a）和指针变量 p 的值（十六进制的 18ff3c），是为了验证：p 保存了 a 的地址。变量 a 和 p 的关系如图 8.3（b）所示。

下面结合例 8.1 详细分析指针变量的定义和初始化方法。

1. 定义指针变量的一般格式

```
类型标识符    *指针变量名
```

其中，类型标识符规定了指针变量指向的数据的类型，*表示指针类型，例如下述语句：

```
int *p;              /*定义指向整型数据的指针变量 p*/
float   *q;          /*定义指向单精度实型数据的指针变量 q*/
char   *r1,*r2;      /*定义指向字符型数据的指针变量 r1 和 r2*/
int (*w)[5];         /*定义指向“长度为 5 的一维整型数组”的指针变量 w*/
float   (*d)( );     /*定义指向“返回实型数据的函数”的指针变量 d*/
```

特别提示：定义指针变量时，除用“*”表示指针类型外，还必须用“类型标识符”明确指针指向的数据的类型，不同类型的指针变量只能存放与之类型相同的数据的地址。

上述语句中的变量的共同点是它们都是指针变量；不同点是它们指向的数据的类型不同。比如指针变量 p 用于存放整型数据的地址（或者说，p 用于指向整型数据），指针变量 q 用于存放实型数据的地址，指针变量 r1 用于存放字符型数据的地址。指针变量也简称指针。

2. 使用指针变量的一般方法

定义指针变量的目的是通过指针变量实现间接访问。使用指针变量的一般步骤如下：

（1）使指针变量指向要访问的变量。取变量的地址并赋给指针变量，取变量的地址由“取地址运算符（&）”实现。例如，例 8.1 中的语句 p=&a;

（2）通过指针变量实现间接访问。使用指针运算符实现，格式为“*指针变量”。例如，例 8.1 中的(*p)就是 p 所指向的变量 a。

分析下述语句段的执行过程，理解指针变量的使用方法。

```
int a=2, *p;
p=&a;
printf("*p: %d\n",*p);
*p=5;
```

上述语句中的第一行定义了一个整型变量 a 和一个指向整型数据的指针变量 p，程序运行时系统给每个变量分配内存单元，如图 8.3（a）所示，但变量 a 和 p 并无任何关联。当执行第二行语句时，取变量 a 的地址并将其赋给 p，于是变量 p 中保存的是变量 a 的地址，即“p 指向 a”，如图 8.3（b）所示。当执行第三行语句时，通过*p 获取 p 指向的变量 a 并输出。当执行第四行语句时，通过*p 将整数 5 赋给了变量 a，a 的值变为 5，如图 8.3（c）所示。

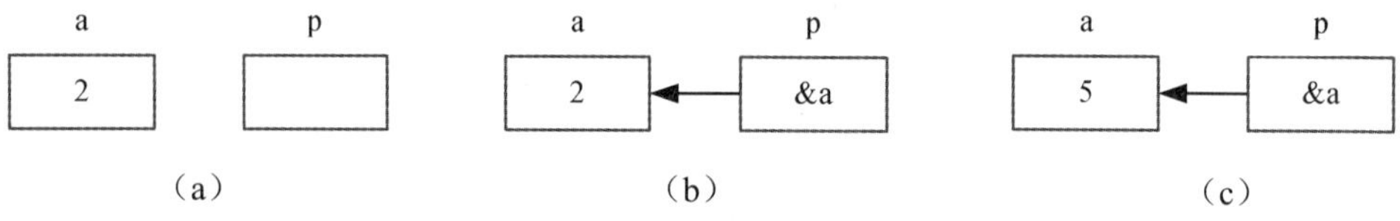

图 8.3 指针变量的定义与赋值

例 8.2 交换两个指针变量所指向的变量的值。

源程序：

```
#include <stdio.h>
int main()
{   int a=10, b=20, t;
    int *p1,*p2;
    p1=&a; p2=&b;                                    /*让 p1 指向 a，p2 指向 b*/
    printf("\n before exchange: a=%d, b=%d", a, b);
    t=*p1;*p1=*p2;*p2=t;                             /*交换 p1、p2 指向的变量的值*/
    printf("\n after exchange: a=%d, b=%d", a, b);
    printf("\n *p1:%d, *p2:%d",*p1,*p2);
    return 0;
}
```

运行结果：

```
before exchange: a=10, b=20
after exchange: a=20, b=10
```

```
*p1:20, *p2:10
```

上述程序中，语句“p1=&a; p2=&b;”将变量 a、b 的地址分别赋给指针变量 p1、p2，使 p1 和 p2 分别指向变量 a 和变量 b。三个赋值语句“t=*p1;*p1=*p2;*p2=t;”实现了*p1（即 a）与*p2（即 b）的交换。例 8.2 中，通过指针变量 p1、p2 交换了变量 a、b 的值，最后一个语句的输出结果表明：指针变量 p1 始终指向变量 a，p2 始终指向变量 b。该程序说明了指针变量的作用：通过指针变量访问该指针变量指向的单元，指针变量的值不变，即指针变量的指向未变。交换前后变量 a、b 的值及指针变量 p1、p2 的指向如图 8.4 所示。

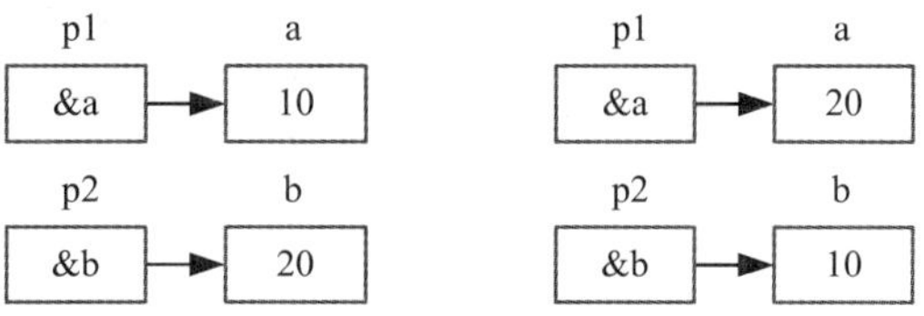

（a）交换前　　（b）交换后

图 8.4　用指针访问变量

特别提示：在例 8.2 的程序中，语句“int *p1,*p2;”和“*p1=*p2;”中都使用了“*”，但二者含义不同：定义指针变量时，“*”是指针的类型说明符；引用指针变量时，“*”是指针运算符。请注意区分：一个“*”，两种含义。

3．指针变量的初始化

与其他类型的变量类似，定义指针变量的同时也可以为其赋初值，例如，

```
int data=10;
int *p1=&data;      /*定义指针变量 p1 的同时，使它指向变量 data*/
int *p2=p1;         /*定义指针变量 p1 的同时，将 p1 的值赋给 p2*/
```

执行上述 3 条语句后，指针变量 p1 和 p2 都指向了整型变量 data，三个变量之间的关系如图 8.5 所示。

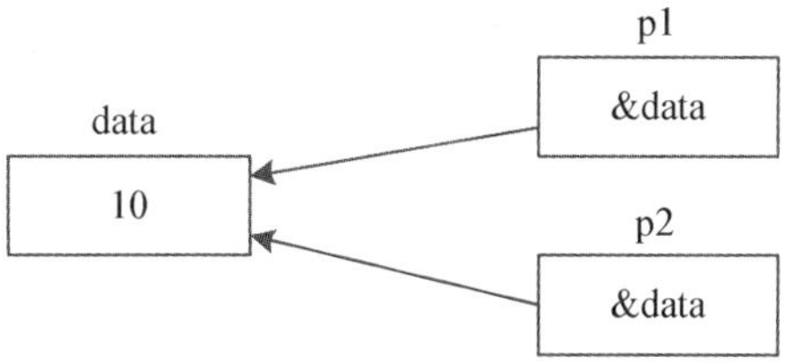

图 8.5　指针变量的初始化

即学即练：若有定义 int a=5;，则下面对①和②两个语句的正确解释是（　　）。

①int *p=&a;。②*p=a;。

A．两个语句中的*p 含义相同，都表示给指针变量 p 赋值

B．两个语句的执行结果相同，都是把变量 a 的地址赋给指针变量 p

C．语句（1）在定义 p 的同时对其进行了初始化，使 p 指向 a，语句（2）将变量 a 的值赋给指针变量 p

D．语句（1）在定义 p 的同时对其进行了初始化，使 p 指向 a，语句（2）将变量 a 的值赋给*p

特别提示：指针变量必须“先赋值、后使用”。定义指针变量后，如果未给变量赋值，则该变量的值是不确定的，引用一个不确定的指针指向的变量，会导致系统异常终止。

即学即练：上机调试下面的程序，看看会出现什么情况。

```
#include <stdio.h>
int main()
{       int data=10;
        int *p1;
        *p1=data;
        printf("\n *p1:%d",*p1);
        return 0;
}
```

8.2.2　指针变量作为函数参数

通过例 8.1 和例 8.2 可知，通过指向变量的指针变量可以间接访问变量。现在我们就可以解决本章开头提出的“交换两个数”中遗留的问题了，即如何实现在被调函数中访问主调函数中的变量？

具体方法是，用指向变量的指针变量作为函数形参，接收主调函数中实参变量的地址，实现传地址调用。即在被调函数中通过指针变量访问（读取或修改）主调函数中对应的变量，当返回主调函数后，主调函数就得到了这些已修改过的变量的值。因此，“传地址”调用可以实现函数间多个数据的“双向传递”。

例 8.3　编写函数 swap()，其功能是交换任意两个整型变量的值。要求在主函数中输入数据、调用函数 swap()、输出交换后的结果。

案例分析：本例要求在被调函数中修改主调函数中两个变量的值，即要求返回两个结果。因此可用指针变量 p1、p2 作为 swap() 函数的形参，接收实参变量 a、b 的地址。在 swap() 函数中通过 p1、p2 间接改变 a、b 的值。

源程序：

```
#include <stdio.h>
void swap( int *p1, int *p2)
{   int t;
    t=*p1; *p1=*p2; *p2=t;                /*交换指针变量 p1、p2 指向的两个变量的值*/
}
int main()
{   int a, b;
    printf("\nenter 2 integers:");
    scanf("%d%d", &a, &b);
    printf("before swap: a=%d, b=%d", a, b);
    swap(&a, &b);
    printf("\nafter swap: a=%d, b=%d",a, b);
    return 0;
}
```

运行结果：

```
enter 2 integers:33   44
```

```
before swap: a=33, b=44
after swap: a=44, b=33
```

在例 8.3 中，函数 swap 的形参是指向整型数据的指针变量，实参是整型变量的地址。调用 swap 函数时，将实参（变量 a、b 的地址）分别传递给对应的形参（&a 传递给 p1，&b 传递给 p2），由此产生的结果是：p1 指向 a、p2 指向 b，如图 8.6（a）所示。执行 swap 函数时，通过 p1 和 p2 交换了指针所指向的变量 a、b 的值。函数调用结束后，形参变量 p1、p2 对应的空间被释放，该变量不再有意义。而变量 a、b 中的值是已经交换后的数据，如图 8.6（b）所示。

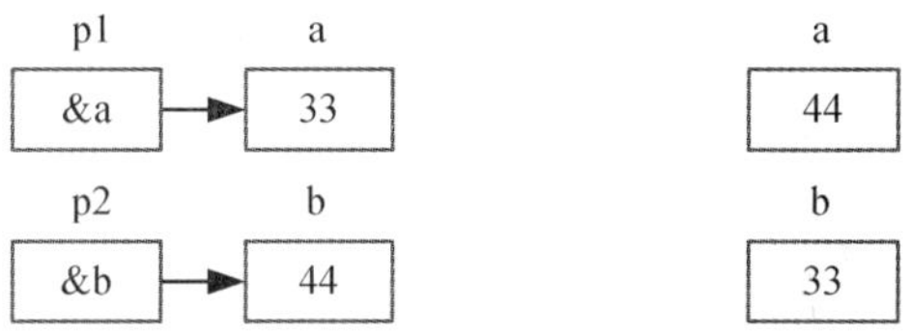

（a）调用 swap 函数时　　（b）从 swap 函数返回后

图 8.6　指针变量作为函数参数

即学即练：如果将例 8.3 中的 swap()函数改为如下代码，程序的运行结果将如何？

```
void swap( int *p1, int *p2)
{     int *pt;
      pt=p1; p1=p2; p2=pt;
}
```

特别提示：使用指针时，要注意区分指针变量 p 与指针变量 p 指向的变量（*p）的区别。

至此，我们已经学习了参数的两种传递方式："传值"和"传地址"。那么，在编写函数时，如何确定哪些参数使用"传值调用"，哪些使用"传地址调用"呢？一般参照以下三条原则。

（1）对于只需传给被调函数而不需传回主调函数的变量，使用"传值调用"方式。函数的形参是变量，实参可以是与形参同类型的表达式。

（2）对于被调函数中要引用的一批数据（如数组），用"传地址调用"方式。形参是指针变量，实参是数组的首地址。

（3）对于在主调函数中需要引用的且由被调函数修改了的变量，用"传地址"调用。形参是指针变量，实参是主调函数中的变量的地址。

思考：如何编写一个函数 max_min()，求一个整型数组中 n 个元素的最大值和最小值？

8.3　用指针访问数组

一个数组在内存中占用一片连续的存储单元，数组名代表数组的首地址（下标为 0 的元素的地址），这就是数组的指针。同时，每个数组元素也有对应的地址，这就是指向数组元素的指针。例如，有如下定义：

```
int a[5]={1,2,3,4,5},*p;
```

则数组名 a 就表示数组的首地址，也就是第一个元素 a[0]的地址。数组 a 中各数组元素的地址依次是 a、a+1、a+2、a+3、a+4，如图 8.7 所示。

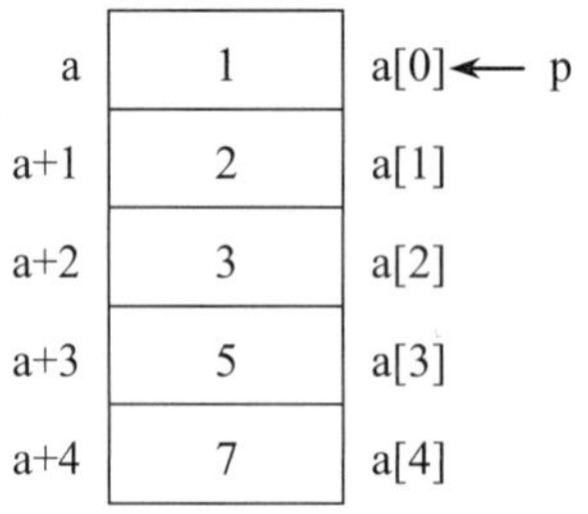

图 8.7　数组 a 的存储示意图

如果让指针变量 p 指向数组的第一个元素 a[0]，则通过指针变量 p 的移动，就可以访问数组 a 的每一个元素（*p）。相应的语句如下：

```
for(p=a;p<a+5; p++)
    printf("%6d",*p);
```

本循环语句中，通过 p=a 使指针变量 p 指向数组的第一个元素；通过*p 获取指针变量 p 指向的元素；通过 p++使指针变量 p 指向下一个元素。

特别提示：当指针变量 p 指向数组 a 时，p++是合法的，但 a++是非法的。因为数组的首地址是指针常量（在程序的运行过程中，一旦系统为数组 a 分配了内存单元，那么该数组的位置就固定了）。

至此，我们知道，访问数组元素有两种方法：下标法和指针法。其中，用指针法编程更灵活，能使程序运行效率高，因而被广泛采用。

数组与指针的综合应用主要体现在两个方面：

（1）通过指针变量访问数组元素。

（2）指针变量作为函数参数，传递数组的首地址，实现在被调用的函数中访问主调函数中的数组的功能。

8.3.1　用指针访问一维数组

用指针变量访问一维数组的各个元素的一般步骤如下所述。

（1）定义一个指向数组元素的指针变量。

（2）通过赋值（包括传地址）使指针变量指向某个数组元素。

（3）通过循环移动指针来引用数组的各个元素。

简单地说，就是“循环”与“间接访问”相结合。

例 8.4　分别用下标法和指针法访问一维数组。

源程序：

```
#include <stdio.h>
int main()
{    int a[5]={1,2,3,4,5},*p, k;
     printf("\n 用下标法输出数组元素:");
     for(k=0;k<5;k++)
          printf("%6d",a[k]);
     printf("\n 用指针法输出数组元素:");
     for(p=a;p<a+5; p++)
```

```
        printf("%6d",*p);
    printf("\n 用地址法输出数组元素:");
    for(k=0;k<5;k++)
        printf("%6d",*(a+k));
    return 0;
}
```

例 8.4 中，定义 a 为整型数组，它包含 5 个数组元素。数组元素在内存中的存储情况如图 8.7 所示。

使用下标法输出数组的各元素时，系统首先将 a[i]转变成*(a+i)，然后再访问地址(a+i)对应的单元，与使用地址法基本相同。

使用指针变量访问数组的各元素时，首先定义指向数组元素的指针变量 p；然后通过赋值语句“p=a;”将数组 a 的首地址赋给指针变量 p，使 p 指向数组元素 a[0]，因此该语句等价于“p=&a[0];”；然后通过循环输出 p 指向的一个数组元素（*p），通过“p++”使 p 依次指向下一个元素。

比较例 8.4 中的三种访问数组元素的方法，可以看出，三种访问数组元素的方法的执行效果相同，若指针变量 p 指向数组元素 a[i]，则*p、*(a+i)都与 a[i]等价。下标法和地址法的执行效率是相同的，指针法比较快。但是，用下标法更直观。

特别提示：设 p 是指向数组元素的指针，p+1 则是下一个数组元素的指针，此时的“1”是一个数组元素，而不是一个字节。因此，经常在循环中用“p++”使指针变量 p 依次指向下一个数组元素。同理，“p--”表示 p 指向前一个数组元素；p+n 表示指针 p 指向的元素后面第 n 个元素的地址。具体移动的字节数由指针指向的数组元素的类型决定。在例 8.4 中，“p++”使 p 的值实际增加了两个字节（假设一个 int 型数据占两个字节）。

即学即练：设有如下语句段，

```
int data[20], *p，*q;
p=data; q=p+10;
```

解释下列表达式的含义：①*p；②*(p+1)；③(*p)++；④*(p++)；⑤q-p。

例 8.5 编写函数实现将数组中的 n 个整数逆序存放，在主函数中调用该函数实现将 10 个整数逆序存放。

案例分析：

（1）在主函数中，设 10 个整数用整型一维数组 a 表示，为了使运行结果更清楚，逆序前后分别输出数组 a 的各元素。

（2）逆序函数 inv()的函数头的确定。函数间要传递的数据是一个数组 a，需要有两个参数（数组的首地址和元素个数）才能唯一确定一个数组。因此形参有两个：指向数组元素的指针变量 q 用来接收数组 a 的首地址；整型变量 n 用来接收实参数组中元素的个数。函数的处理结果是数组，不需通过返回值实现数据传递，因此函数类型定义为空类型（void）。

（3）函数体中逆序的实现。将数组中头尾对应位置上的元素互换，即 a[0]与 a[9]交换，a[1]与 a[8]互换，a[2]与 a[7]互换，依此类推，直到数组中间的数据互换完为止，如图 8.8 所示。本函数中用指针法访问数组元素，设指针变量 i、j 开始时分别指向 a[0]和 a[9]，则循环执行：*i 与*j 互换，然后用“i++”使 i 指向下一个元素，用“j--”使 j 指向前一个元素；循环条件为 i<j。

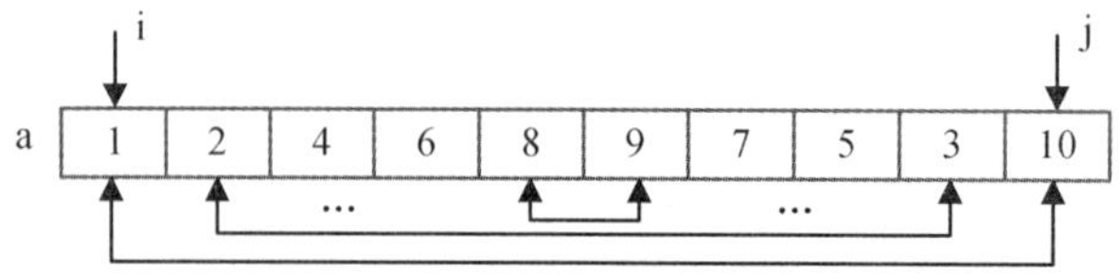

（a）交换前

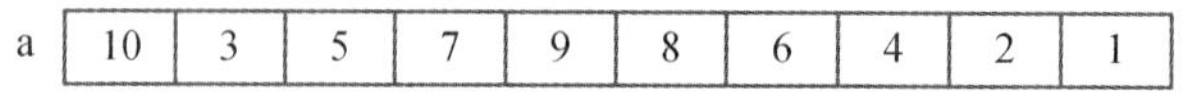

（b）交换后

图 8.8　用指针实现数组元素逆序

源程序：

```
#include <stdio.h>
void inv(int *q,int n);
int main()
{   int a[10]={1,2,4,6,8,9,7,5,3,10},i;
    int *p;
    printf("\n before inverse:\n");
    for(p=a;p<a+10;p++)
        printf("%6d", *p);
    inv(a, 10);
    printf("\n after inverse: \n");
    for(i=0; i<10; i++)
        printf("%6d", a[i]);
    return 0;
}
void inv(int *q, int n)
{   int *i, *j, t;
    for(i=q, j=q+n-1; i<j; i++, j--)
       {t=*i; *i=*j; *j=t;}
}
```

逆序的问题也可以用前面学过的“数组名作函数参数”实现，如下面的函数 inver()与函数 inv()等价。

```
void inver(int b[ ] , int n)
{   int i, j, t;
    for(i=0, j=n-1; i<j; i++, j--)
       {t=b[i];b[i]=b[j];b[j]=t;}
}
```

调用函数 inver()时，形参数组 b 接收实参数组 a 的首地址，实现数组 a、b 共用一个数组。因此函数的形参 b 实际上就是指针变量。在 for 循环中也可以用指针法访问数组元素。

特别提示：形参数组名与指向数组元素的指针变量是等价的，即 int b[]与 int *b 等价。

例 8.6　编程求一批实型数据中的最大值和最小值。要求在主函数中输入 20 个实数，调用函数 max_min()计算最大值和最小值，在主函数中输出最大值和最小值。

案例分析：

（1）主函数中，设 20 个数据用一维数组 data 存放，最大值和最小值分别保存在变量 big 和 small 中，则主函数的算法很简单：输入 20 个数据（用循环），调用函数 max_min()求最大值和最小值并保存在变量 big 和 small 中，最后输出结果。

（2）函数 max_min()的函数头分析。函数需要返回的数据有两个，不能用返回值实现，可定义为“空类型（void）”。参数的来源有两个方面，一是函数要处理的数据是数组，需要由数组的首地址和数组元素的个数两个参数；二是函数的处理结果（最大值和最小值）需要存入主调函数的变量 big 和 small 中，因此需要通过参数得到变量 big 和 small 的地址。由此可确定形参有 4 个：指向数组元素的指针变量 sp；表示数据元素个数的整型变量 n；指向最大/最小值变量的指针变量 b 和 s。

源程序：

```
#define N 20
#include <stdio.h>
void max_min(float *sp, int n, float *b,float *s);    /*函数声明*/
int main()
{   float data[N], big, small;
    int i;
    printf("\ninput   20 datas:");
    for(i=0;i<N; i++)
        scanf("%f", &data[i]);
    max_min(data, N, &big, &small);
    printf("the max is: %f, the min is: %f", big, small);
    return 0;
}
void max_min(float *sp , int n , float *b , float *s)
{     int k;
      float max, min;                      /*设 max、min 表示数组的最大值、最小值*/
      max=min=*sp;                         /*将第一个数作为最大值、最小值变量的初值*/
      for(k=1; k<n; k++, sp++)
           if(*sp>max)
                max=*sp;
           else if(*sp<min)
                min=*sp;
      *b=max; *s=min;                      /*将数组的最大值、最小值赋给主函数中的变量*/
}
```

在例 8.6 中，调用函数 max_min()时，实参传给形参变量，使得指针变量 sp、b、s 分别指向主调函数中的数组元素 data[0]、变量 big 和 small，如图 8.9 所示。在函数 max_min()中，通过 sp 引用数组 data 中的元素，通过指针变量 b 和 s 访问它所指向的单元（变量 big 和 small），通过在循环中使用“sp++”移动指针，就能依次访问到每一个数组元素。

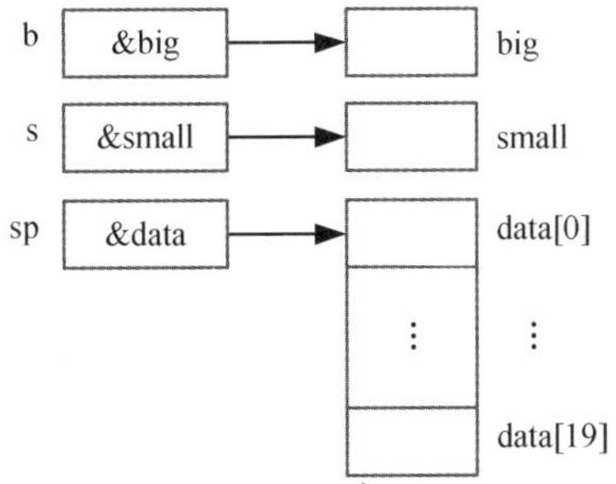

图 8.9　求最大值、最小值

特别提示：用指针访问数组元素时，一定要防止越界访问。例如，若定义 int a[10],*p=a; 则*(p+10)就是越界访问，但 C 编译系统并不报错，属于隐含错误，运行时会出错。

*8.3.2 用指针访问二维数组

在二维数组中，整个数组有一个首地址，即二维数组的指针；数组中的每一行也有一个首地址，通常称为行指针；每个数组元素也有一个具体的地址，即指向数组元素的指针。

在一维数组中，通常用指向数组元素的指针变量访问数组，那么，在二维数组中，我们用哪一种指针变量更方便呢？

先回顾一下二维数组的性质。设有如下 3 行 4 列的二维数组 a。

```
int a[3][4]={{1, 2, 3, 4}, {5, 6, 7, ,8}, {9, 10, 11, 12}};
```

在数组一章我们介绍过，二维数组在内存中是按行存放的，即从低地址到高地址分别存放数组元素 a[0][0]～a[0][3]、a[1][0]～a[1][3]、a[2][0]～a[2][3]，如图 8.10 所示。

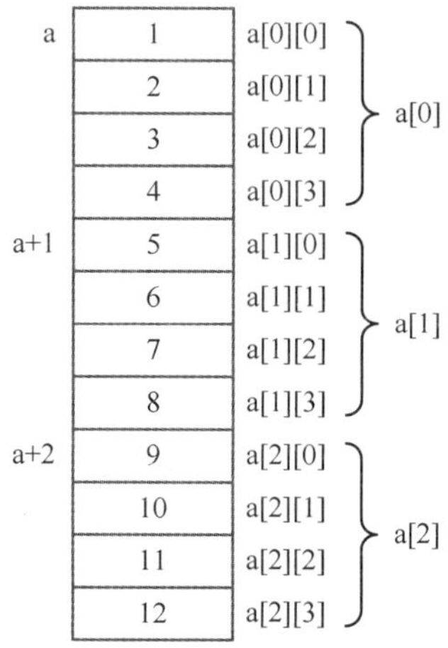

图 8.10 二维数组 a 的存储示意图

首先，分析数组元素的存放情况：数组 a 占用连续的 12 个单元（每个单元存放一个整数），数组元素按行依次排列；与一维整型数组 b（设定义：int b[12];）的存储结构完全相同，只不过数组元素的名字不同而已。

其次，分析二维数组中的指针：a 是数组名，代表二维数组的首地址；a 数组的每一行又是一个一维数组（数组名分别为 a[0]、a[1]、a[2]），因此 a 数组可以看作包含三个数组元素（a[0]、a[1]、a[2]）的一维数组，所以 a、a+1、a+2 分别是第一行、第二行、第三行的首地址（即 a[0]、a[1]、a[2]），因此叫作行指针，又称为指向一维数组的指针；每个数组元素的地址为指向数组元素的指针，如&a[0][0]、&a[0][1]等。

根据以上分析，可以将二维数组看作两种特殊的一维数组。

- 将二维数组看作一个一维数组，使用指向数组元素的指针变量访问每一个数组元素。如图 8.10 所示的数组 a 可以看作长度为 12 的一维整型数组，第一个数组元素的地址为 a[0]或&a[0][0]。
- 将二维数组看作一个特殊的一维数组，每个数组元素又是一个一维数组，使用指向一维数组的指针变量（即行指针）访问二维数组。

下面通过应用实例比较两种指针的使用。

（1）利用指向数组元素的指针访问二维数组的各元素。

例 8.7 输出整型二维数组 ss（2 行 3 列）的各元素。

案例分析：首先将数组 ss 看作包含 6 个数组元素的一维数组，定义 p 为指向数组元素的指针变量；然后将数组的第一个数组元素（ss[0][0]）的地址赋给 p，通过循环移动指针 p 访问每一个数组元素。

源程序：

```
#include <stdio.h>
int main()
{   int ss[2][3]={2,4,6,8,10,12};
    int *p;
    printf("\n");
    for(p=ss[0];p<ss[0]+6;p++)    /*p=ss[0]与 p=&ss[0][0]等价*/
        printf("%6d",*p);
    return 0;
}
```

特别提示：因为 p 是指向整型数据（数组元素）的指针变量，因此初值必须为第一个数组元素的地址 ss[0]或&ss[0][0]，虽然 ss 也代表数组的首地址，其值与 ss[0]相等，但 ss 是指向一维数组的指针，而 ss[0]是指向数组元素的指针，二者类型不同。“p++”的含义是使得 p 指向下一个数组元素。

（2）利用指向一维数组的指针变量访问二维数组。

例 8.8 利用指向一维数组的指针变量 p 输出数组 ss[2][4]中的各元素。

案例分析：

1）定义指向一行的指针变量，其一般格式为

```
类型说明符    (*变量名)[n]
```

其中，类型说明符是数组元素的类型；n 是二维数组的列数，即指针变量所指向的一维数组的长度。本例中需要定义指向长度为 4 的整型一维数组的指针变量 p。也就是说，p 只能指向包含 4 个整型元素的一维数组，语句如下：

```
int (*p)[4];
```

2）让指针变量 p 指向二维数组的第一行。本例中需要将数组 ss 的首地址（ss 或&ss[0]）赋给 p，使得 p 指向第一行。

3）逐个访问指针 p 指向的一行中列下标为 j 的元素，然后利用“p++”使 p 指向下一行。p 指向的一行中列下标为 j 的元素为*((*p)+j)或(*p)[j]，其中*p 表示 p 指向的那一行的首地址（相当于该行的数组名）。当 p 指向第一行时，*p 表示 ss[0]，*((*p)+1)、(*p)[1]均表示 ss[0][1]。

源程序：

```
#include <stdio.h>
int main()
{   int ss[2][4]={2,4,6,8,10,12,14,16};
    int (*p)[4], j;
    printf("\n");
    for(p=ss; p<ss+2; p++)
        for(j=0; j<4; j++)
```

```
        printf("%6d",*((*p)+j));
    return 0;
}
```

请读者比较例 8.7 和例 8.8 中“p++”的含义有何不同（原因是两个 p 所指向的数据类型不同）。

通过以上两例可以看出两种指针变量的使用区别：①指向数组元素的指针变量可以访问任意长度的数组；②指向一维数组的指针变量只能访问固定长度的数组。

所以在实际应用中，当需用指针变量作为函数参数编写处理任意二维数组的数据时，用方法①更合适。

例 8.9　编写函数实现求 m*n 矩阵（整型）中的最大值元素及其下标，编写主函数调用之，并在主函数中输出结果。

案例分析：矩阵用二维数组表示。因为函数要求能处理任意大小的矩阵，所以不能用指向一维数组的指针变量，而采用指向数组元素的指针变量访问矩阵对应的二维数组。

设函数名为 max，则函数类型可定义为 void。形参有 5 个：指向数组元数的指针变量 p 接收数组中第一个元素的地址；整型变量 m 和 n 接收主调函数中二维数组的行数和列数；指向变量的指针变量 r 和 c 接收主调函数中最大值元素的行下标和列下标变量的地址。

算法提示：本例中不仅要求出最大值，还需要记录最大值的下标，因此需要用双重循环逐行访问每一个数组元素。

关键问题：若 p 指向数组元素 ss[0][0]，则 ss[i][j]的等价指针法表示为*(p+i*n+j)，下标法表示为 p[i*n+j]。如 4 行 3 列的数组中 ss[2][1]的地址为 p+2*3+1，对应的元素是*(p+2*3+1)或 p[2*3+1]。

源程序：

```
#include <stdio.h>
void max(int *p, int m, int n, int *r, int *c);    /*函数声明*/
int main()
{    int ss[4][3]={1, 12, 3, 14, 5, 16, 7, 8, 9, 2, 13, 4};
     int max_r,   max_c;
     max(ss[0], 4, 3, &max_r, &max_c);
     printf("\n max: %d,row: %d,colum: %d", ss[max_r][max_c], max_r, max_c);
     return 0;
}
void max(int *p, int m, int n, int *r, int *c)
{    int i, j, kr, kc;       /*i、j 表示数组元素的行、列下标，kr、kc 表示最大值元素的行、列下标*/
     kr=kc=0;
     for(i=0; i<m; i++)
      for(j=0; j<n; j++)
          if( p[i*n+j] > p[kr*n+kc] ) {kr=i; kc=j;}
     *r=kr; *c=kc;       /*通过 r、c 访问它所指向的变量 max_r、max_c*/
}
```

运行结果：

```
max: 16,row: 1,colum: 2
```

即学即练：改写例 8.9 中的函数 max()，通过移动指针 p 访问每一个数组元素。

思考：如何用函数实现，计算并输出任意班级（n 个人 m 门课）每门课的平均成绩？

8.3.3　用指针访问字符串

在 C 语言中，字符串都是用字符数组保存的。因此，对字符串的访问也有两种方法：下标法和指针法。其中，最常用的是指针法，即用字符指针访问字符串。

字符串是一种特殊的一维数组。字符串存储时以字符串结束标志'\0'结束，因此访问字符串时，只要有了字符串的首地址（字符数组名或指向字符串首字符的指针），就能唯一确定一个字符串，不需给出字符串的长度。编程时经常以'\0'作为字符串处理的结束标志。

字符指针的应用主要有两个方面：使用指向字符的指针访问字符串中的每一个字符；用字符指针作为函数参数引用整个字符串。

如何使用字符指针访问字符串呢？

同一维数组的指针访问法类似：先定义指向字符的指针变量，然后通过赋值（将字符串的首地址赋给指针变量）使该指针指向字符串，再通过该指针访问字符串。

例 8.10　编写函数 str_length()，利用字符指针变量求字符串的长度。

案例分析：函数的返回值为字符串的长度，所以函数的类型应为整型；参数只需一个，即指向字符的指针变量 p，用来接收实参字符串的首地址。

算法：

首先，通过参数传递使指针变量 p 指向字符串的首字符，让变量 q 也指向字符串的首字符，以便记住字符串的首地址。

然后，用循环结构实现：重复判断指针变量 p 所指的字符(*p)是否等于字符串结束标志'\0'，若是，则结束循环；否则，用“p++”使指针指向下一个字符。

最后，两个指针相减（p-q）即字符串的长度。因为 q 指向首字符 str[0]，当循环结束后，p 指向字符串结束标志'\0'，所以 p-q 就是字符串中有效字符的个数，如图 8.11 所示。

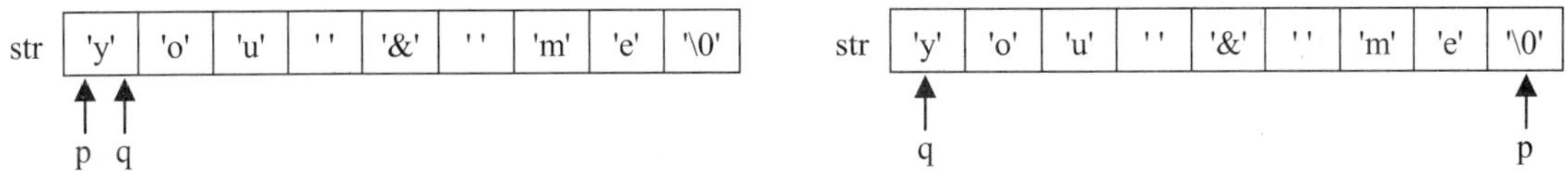

（a）函数调用开始时　　　　（b）函数调用结束时

图 8.11　用指针访问字符串

源程序：

```
#include <stdio.h>
int str_length(char    *p);             /*函数声明*/
int main()
{     char str[]="you & me";
      int count;                        /*字符个数*/
      count=str_length(str);
      printf("\n string_length: %d", count);
      return 0;
}
int str_length(char *p)
{   char    *q=p;
    while(*p!='\0') p++;
```

```
    return(p-q);
}
```

运行结果：

```
string_length: 8
```

通过本例可看出，使用字符指针变量作为函数参数，实现传地址调用，可以访问主调函数中实参字符串；使用字符指针变量指向字符串，通过指针的移动可以访问每个字符；访问字符串时用字符'\0'作为循环的结束条件，不需要事先知道字符串的长度。

程序的实现方法不是唯一的，还可以用下面的方法统计字符的个数。

```
int str_length(char   *p)
{     int n=0;                              /*n 表示字符的个数*/
      while(*p!='\0') { n++; p++;}
      return n;
}
```

即学即练：用字符数组名作为函数参数，如何实现例 8.10 的功能？

问题：用字符数组名和指向字符的指针变量都能访问字符串，那二者在使用过程中有何区别？

例 8.11　用字符数组与字符指针分别访问字符串常量。

源程序：

```
#include <stdio.h>
int main()
{   char string[]="you are really fine!",    *str="thank you." , *s;
    s="and you?";
    printf("%s\n%s\n%s", string, str, s);
    return 0;
}
```

运行结果：

```
you are really fine!
thank you.
and you?
```

在例 8.11 的程序中，定义字符数组时即对其进行初始化，将字符串常量"you are really fine!"存入数组 string。而定义字符指针变量 str 时的初始化的实际含义是将字符串常量"thank you"在内存中的首地址赋给 str，而不是将整个字符串赋给 str。语句“s="and you?";”将字符串常量"and you?"在内存中的首地址赋给指针变量 s。这里没有定义字符数组，而是直接把字符指针 s 指向了一个字符串常量。

实际上 C 语言中对字符串常量的处理也是把它当作一个字符数组，为它开辟一片连续的存储空间，用指向该字符串的指针常量表示该字符串的首地址。

特别提示：编程时，需要注意字符数组名与字符指针变量的以下使用区别。

（1）字符指针变量可以直接指向任一字符串，而字符数组名是字符指针常量，不能给它赋值。例如，

```
char   *str;      str="thank you.";                     //正确的用法
char string[80];   string= "you are really fine!";      //错误的用法
```

（2）使用指针变量前，必须先给它赋值，即让指针变量指向内存中的某个单元，否则，可能引起严重的运行错误。例如，有如下语句段：

```
char   s1[80], *s2;
gets(s1);
gets(s2);
```

当执行 gets(s1)时，程序读取键盘上输入的一行字符并存入字符数组 s1 中；而执行 gets(s2)时，程序出错异常终止。因为指针变量 s2 未赋值就使用，系统不允许向一个未知的内存单元存放数据（假如 s2 此时指向系统程序区，则将输入的字符串存入 s2 指向的系统区可能会破坏系统）。

实际上，当编译语句“gets(s2);”时，系统就会给出如下“警告”信息：

warning C4700: local variable 's2' used without having been initialized

（3）字符指针通常用于处理字符串函数的形参，调用函数时实参则可以是字符数组名、字符指针变量或字符串常量。例如，例 8.10 中的形参指针 p 和实参数组名 str，调用例 8.11 中的 printf()函数时的实参 string、str、s。

8.4 指针与函数的综合应用

一个函数在内存中占据一段连续的存储单元，这些存储单元的首地址就是函数的指针。通常，函数名代表函数的首地址。因此，我们可以定义一个指针变量来存放函数的首地址，使指针变量指向函数，然后通过该指针变量实现函数的调用。

函数的返回值可以是整型、实型、字符型等，也可以是指针类型，即返回一个地址值。

函数与指针的综合应用主要体现在以下两个方面。

（1）用指向函数的指针变量调用函数，常用于编写通用函数。

（2）编写返回指针值的函数，常用于字符串的处理。

*8.4.1 通过指针调用函数

问题：编写函数 integrate()，求任意函数 f(x)在区间(a, b)上的定积分。这是数学中常用的求定积分的问题。函数 integrate()至少需要 3 个参数，用于接收函数 f()、区间值 a 和 b。如何定义接收函数的参数呢？

指向函数的指针变量可用于保存函数的首地址，从而通过指针调用它指向的函数。

具体使用方法与指向变量的指针类似：首先定义指向函数的指针变量；然后通过赋值（包括传地址）使指针变量指向函数；最后通过指针调用函数。

例 8.12 指向函数的指针变量的定义及引用。

源程序

```
#include <stdio.h>
#include "math.h"
int main()
{   double x, y;
    double (*p)( double);              /*定义指向函数的指针变量 p*/
    x=3.14/2;
    p=sin;                             /*将函数 sin 的首地址赋给 p，使 p 指向函数 sin*/
    y=(*p)(x);                         /*通过 p 调用函数 sin，（*p）是 p 所指向的函数，即 sin*/
    printf("\n sin: %f", y);
    p=cos;                             /*通过赋值使 p 又指向函数 cos*/
```

```
    y=(*p)(x);                          /*此时通过 p 调用的是函数 cos*/
    printf("\n cos: %3.1f", y);
    return 0;
}
```

运行结果：

```
sin: 1.00000
cos: 0.0
```

本例中，通过指向函数的指针变量 p，分别调用了函数 sin()和 cos()。

（1）指向函数的指针变量的一般定义形式为

```
类型标识符 (*指针变量名)( [参数类型] );
```

在例 8.12 的程序中，语句“double (*p)(double);”定义 p 为指向函数的指针变量，而且 p 只能指向参数为 double 型、返回值为 double 型的函数。其中，类型标识符 double 是函数返回值的类型，(*p)表明 p 是指针变量，后面的( )表示该变量是指向函数的，但此时 p 并未指向任何函数。括号内的参数类型可选，但最好声明参数类型；参数类型省略时，可以匹配任意的实参表，但有时会出错。

（2）通过赋值使指针变量指向某函数。例如，语句“p=sin;”使指针 p 指向函数 sin()。

（3）用指针变量间接调用函数。其调用形式为

```
(*指针变量名)(实参)
```

例如，例 8.12 的程序中执行语句“p=sin;”后，p 指向函数 sin；在语句“y=(*p)(x);”中通过 p 调用函数 sin()，该语句等价于“y=sin(x);”。

看到这里，读者可能会问：在例 8.12 的程序中，直接用函数名调用函数不是更简单、更清楚吗？是的，对于这样简单的程序，完全可以不用指针变量，这里只是说明通过指针变量可以实现函数调用。

那么，指向函数的指针变量在实际编程中主要用来解决什么问题呢？这是关于指针变量的高级应用部分，初学者可以不予深究，有兴趣的读者可以用它编写出更灵活的程序。

指向函数的指针变量的主要用途是编写通用函数。具体地说就是用指向函数的指针变量作为函数形参，接收实参函数的首地址，即函数名作为实参，然后间接调用实参函数。例如，本节开头提出的求定积分的问题，函数头可定义为 double integrate(double (*p)(double), double a, double b)。这是关于指针变量的高级应用部分，初学者可以不予深究，有兴趣的读者可以用它编写出更灵活、通用的程序。

8.4.2 返回指针值的函数

返回指针值的函数与前面介绍的函数的不同之处是函数的返回值是指针类型。其一般定义形式为

```
类型标识符 *函数名(形参表)
{ …… }
```

在字符串处理函数中，经常需要返回地址。例如，以下库函数的返回值都是字符指针。

```
char *strchr(char *str, int ch){}          //查找字符 ch 在字符串 str 中第一次出现的位置
char *strcat(char *str1, char *str2){}     //将字符串 str2 连接在 str1 的后面，返回 str1
char *strcpy(char *str1, char *str2){}     //将字符串 str2 复制到字符串 str1 中，返回 str1
```

例 8.13 编写函数 my_strcat(str1,str2)实现两个字符串连接，返回连接后的字符串的首地

址。“连接”的含义是指将字符串 str2 连接到 str1 的后面。

案例分析：函数类型为字符型指针，两个形参都是字符型指针变量，接收字符串的首地址。

实现过程：首先找到 str1 指向的字符串的末尾（'\0'）；然后循环将 str2 指向的字符逐个送入 str1 指向的字符串，直到遇到字符串结束标记'\0'；最后在 str1 指向的字符串的末尾加字符串结束标记'\0'。

源程序：

```
#include "stdio.h"
char *my_strcat(char *str1, char *str2)
{   char *p=str1;
    while(*p!='\0') p++;        /*该循环使指针 p 指向字符串 str1 的末尾，即字符'\0'*/
    while(*str2!='\0')
        *p++=*str2++;
    *p='\0';
    return(str1);               /*返回 str1 指向的字符串的首地址*/
}
int main()
{   char s1[80]="we are ",s2[]="good friends.", *p;
    puts(s1);   puts(s2);
    p=my_strcat(s1,s2);
    puts(p);
    return 0;
}
```

运行结果：

```
we are
good friends.
we are good friends.
```

在例 8.13 的程序中，语句“*p++=*str2++;”的功能是将 str2 指向的字符赋给 p 指向的单元（字符串 str1 中的指定位置），然后 p 和 str 均指向下一个字符。该语句等价于“*p=*str2++; p++;　str2++;”。

8.5　指针数组与指向指针的指针

本节内容是关于指针的较复杂的应用，初学者可先理解基本概念，以后用到时再深入学习其应用。

8.5.1　指针数组

一个指针变量只能存放一个地址，如果要同时保存多个指针（或地址），就需要用指针数组。指针数组实际上是指向相同类型数据的指针变量的集合，每个数组元素相当于一个指针变量。

使用指针数组可以方便地处理多个字符串。

问题 1：假如要处理一些书名，每个书名是一个字符串，而且长度各不相同。如果用二维数组表示，则每行保存一个字符串，各行长度相同，当某个字符串较短时，容易造成存储空间的浪费，如图 8.12 所示。而用指针数组表示，则每个数组元素指向一个字符串，各字符串占用的空间与字符串的实际长度有关，如图 8.13 所示。相比而言，用指针数组更节省内存。

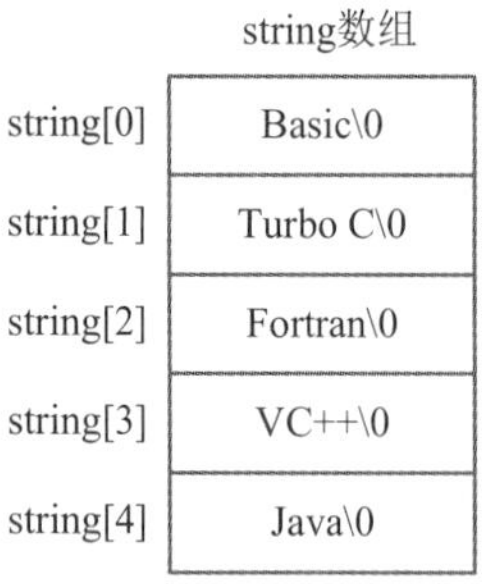

图 8.12　二维数组

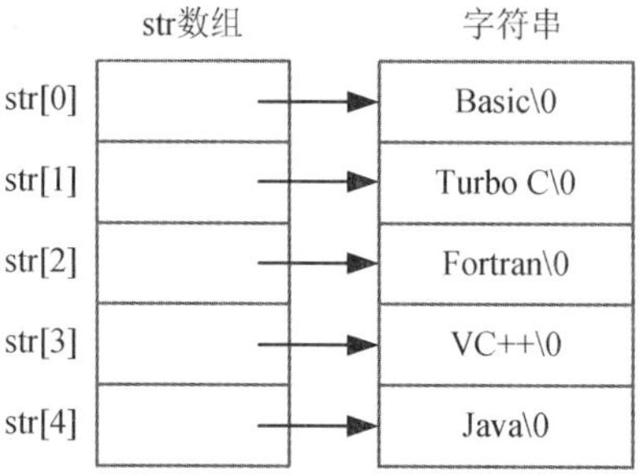

图 8.13　指针数组

例 8.14　使用指针数组访问图 8.13 中给定的 5 个字符串。

```
#include <stdio.h>
void main()
{   char *str[ ]={"Basic", "Turbo C", "Fortran", "VC++", "Java"};
    int i;
    for(i=0;i<5;i++)
        puts(str[i]);
}
```

在例 8.14 中，定义指向字符的指针数组 str 并进行初始化，使每个数组元素存放一个字符串的首地址（即每个元素指向一个字符串），如图 8.13 所示，然后通过指针数组输出所有的字符串。

一维指针数组的定义与基本类型的数组相同，只不过数组元素的类型不同而已，其一般形式为

```
类型说明符  *数组名[数组长度]
```

例如语句“char *str[5];”表示定义指针数组 str，该数组包含 5 个数组元素，每个元素的类型是字符指针类型（即“char *”）。

特别提示：区别指针数组与指向数组的指针变量。例如语句“char (*p)[5];”的含义是定义指向长度为 5 的一维字符数组的指针变量 p。

问题 2：假如要对以上书名排序，如果用二维数组表示，则交换时需要移动整个字符串；而用指针数组表示，则排序时不必移动字符串的位置，只要改变指针数组中各元素的指向即可，如图 8.14 所示。而交换指针变量的值比交换两个字符串要快得多，因此，用指针数组可以实现字符串的快速排序。

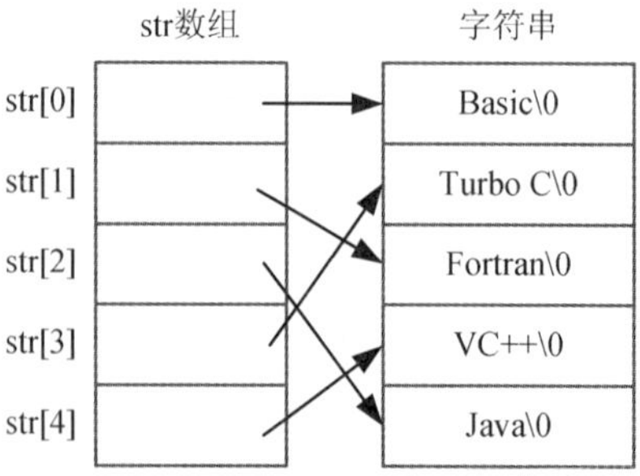

图 8.14　用指针数组对书名进行排序

例 8.15　将字符串按字母顺序排序。

源程序：

```
#include <stdio.h>
#include <string.h>                         /*包含字符串比较函数 strcmp()的头文件*/
void sort(char *v[], int m);                /*函数声明*/
void prn(char *v[], int m);
int main()
{
  char *str[ ]={"Basic", "Turbo C", "Fortran", "VC++", "Java"};
  sort(str,5);
  prn(str,5);
  return 0;
}
void sort(char *v[], int m)                 /*用选择法排序*/
{ int i, j, k;
  char *t;
  for(i=0; i<m-1; i++)
  { k=i;
    for(j=i; j<m; j++)
        if(strcmp(v[k],v[j])>0)   k=j;
    if(k!=i)
        {t=v[k]; v[k]=v[i]; v[i]=t; }       /*交换两个指针元素的指向*/
  }
}
void prn(char *v[], int m)                  /*输出多个字符串*/
{ int i;
  for(i=0; i<m; i++)
    puts(v[i]);
}
```

运行结果：

```
Basic
Fortran
Java
Turbo C
VC++
```

经过上述程序的排序后，只是指针数组中每个元素的指向改变了，字符串的位置并没有改变。

8.5.2 指向指针的指针

指针变量也有地址，如果将该地址用变量存放，则该变量是指向指针的指针变量。如定义以下变量：

```
int i=100, *p, **q;
```

则 q 是指向指针的指针变量。执行以下赋值语句后，各变量之间的关系如图 8.15 所示。

```
p=&i;
q=&p;
```

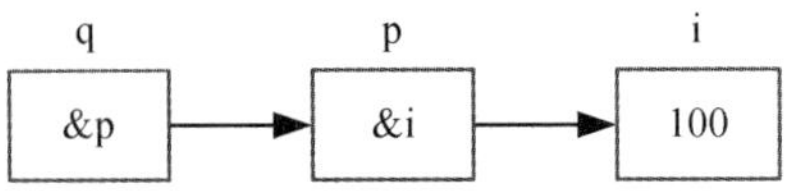

图 8.15　指向指针的指针

若要访问变量 i（例如，将 10 赋值给 i），可以用以下三种方法。

- i=10;　　　　（直接访问）。
- *p=10;　　　　（一次间接访问）。
- **q=10;　　　　（二次间接访问，“*q”等价于指针变量 p）。

C 语言允许进行多重间接访问，也就是说定义变量时可以有多个“*”，不过极少使用二次以上的间接访问，对于初学者来说，两次已经够复杂的了。

指向指针的指针主要用来操作指针数组，比如用指向指针的指针操作字符串数组。

*8.5.3　指针数组作为 main 函数的参数

指针数组的另一个重要应用是指针数组名（或指向指针的指针变量）作为 main 函数的形参，从命令行接收参数。

前面的程序中，main 函数都没有参数，实际上，main 函数也可以带参数。C 语言规定，main 函数可以带两个参数，其函数原型如下：

```
main(int argc, char *argv[ ])
```

我们知道，C 程序从 main 函数开始执行，那么，main 函数的实参从哪儿来呢？

实际上，除了在 VC 等集成环境中运行 C 语言程序外，经编译连接生成可执行文件的 C 程序可以在操作系统的命令行状态下直接运行。例如，在 MD-DOS 中的命令行窗口中，设当前目录为 D:\VC，要将当前目录下的文件 file_1.txt 改名为 file_2.txt，可输入如下命令：

```
D:\VC>rename file_1.txt file_2.txt
```

本命令行中，“D:\VC>”是命令行提示符，rename 是可执行文件（rename.exe），后面的两个文件名是程序运行时需要的参数。本命令行传给 main 函数的参数有两个：将参数的个数 3 传给 argc，将三个字符串（程序名和两个文件名）传给 argv。

命令行的一般形式为

```
程序文件名 参数 1 参数 2 …… 参数 n
```

main 函数的形参与命令行实参的对应关系：整型变量 argc 用来接收命令行参数的个数，每个参数看作一个字符串，指向字符的指针数组 argv 用来接收命令行各参数字符串的首地址。

例 8.16　将命令行参数输出（设程序文件名为 mainfile.exe，存于 D:\VC 目录中）。

源程序：

```
#include <stdio.h>
void main(int argc, char *argv[ ])
{   int i;
    for(i=0; i<argc; i++)
```

```
        puts(argv[i]);
    }
```

在 DOS 命令行状态下运行：

```
D:\VC> mainfile f1 f2
mainfile
f1
f2
```

程序运行时，命令行有三个参数：mainfile、f1、f2，因此，argc 的值为 3。三个参数字符串的首地址分别传给指针数组 argv 的三个数组元素，即 argv[0]指向字符串"mainfile"、argv[1]指向字符串"f1"、argv[2]指向字符串"f2"。

形参数组名 argv 相当于指向数组元素的指针变量，因此例 8.16 的程序可等价于：

```
#include <stdio.h>
void main(int argc, char **argv)
{   while( argc-->0)
        puts(*argv++);
}
```

此程序中，argv 开始时指向指针数组的第一个元素，*argv 是第一个参数字符串的首地址。argv++使得 argv 指向下一个字符串的首地址。

特别提示：利用指针数组作为 main 函数的参数，可以向程序传送命令行参数，而且参数的个数任意，参数字符串的长度也各不相同，但参数中不能含空格，因为空格是作为参数之间的分隔符。

本章小结

1．指针是一种数据类型，专门用来表示“地址”的。

2．指针变量是用来存放地址的变量。理解指针时，应明确：指针的类型和指针所指向的数据的类型。为便于读者比较，表 8.1 列出了本章常用的、与指针相关的定义。

表 8.1　与指针相关的定义及含义

定义	含义
int i;	定义整型变量 i
int *p;	定义指向整型变量的指针变量 p
int (*p)[5];	定义指向一维数组的指针变量 p，它指向的数组包含 5 个整型元素
int (*p)();	定义指向函数的指针变量 p，该函数返回整型值
int a[5];	定义长度为 5 的整型数组
int *a[5];	定义指针数组 a，它包含 5 个指向整型数据的指针元素
int a();	定义返回整型数据的函数 a
int *a();	定义返回值为“整型指针”的函数 a
int **q;	定义指向指针的指针变量 q，它指向一个“整型指针”
void *p;	定义指向空类型（void）的指针变量 p，在使用前要进行强制类型转换

3．指针变量的基本应用。

（1）通过指向变量的指针变量可以间接访问变量，该指针变量作为函数形参可实现：在被调函数中改变主调函数中变量的值，解决函数间需要返回一个以上的返回值的问题。

（2）通过指向数组元素的指针变量和指向数组的指针变量均可以访问数组，但后者只能用于访问固定长度的数组，因此前者的通用性更好。

（3）通过指向函数的指针变量可以间接调用函数，该指针变量作为函数形参可实现通用函数的编写（只要求了解）。

（4）函数的返回值也可以是指针，通常在处理字符串函数中使用。

（5）通过指针数组可以很方便的访问多个字符串，还可以作为 main 函数的参数以便接收命令行参数。

习 题 8

一、选择题。

1．变量的指针，其含义是指该变量的（　　）。

A．值　　B．地址　　C．名　　D．一个标志

2．若有定义：int　a[10], *p=a;，则*(p+5)表示（　　）。

A．元素 a[5]的地址　　B．元素 a[5]的值

C．元素 a[6]的地址　　D．元素 a[6]的值

3．若有定义：int　x=5, *p，则使 p 指向 x 的赋值表达式是（　　）。

A．p=&x　　B．p=x　　C．*p=&x　　D．*p=x

4．若有定义：int a[ ]={1,2,3,4,5,6,7,8,9,0}, *p=a;，则表达式*(p+3)的值是（　　）。

A．3　　B．4　　C．1　　D．2

5．若有定义：int a[ ]={1,2,3,4,5,6,7,8,9,0}, *p=a, i;，且 0<i<10，则（　　）是对数组元素的错误引用。

A．*(a+i)　　B．a[p-a]　　C．p+i　　D．*(&a[i])

6．若有以下说明：int m[5]={2, 4, 6, 8, 10}, *p=m;，则以下表达式中数值为 8 的是（　　）。

A．*p+8　　B．p+8　　C．*p+=6　　D．*(p+6)

7．设有如下函数定义，则函数返回的值是（　　）。

```
int *fun(int a[], int n) { return a+n;    }
```

A．数组元素 a[n]的值　　B．数组元素的下标

C．数组元素 a[n]的地址　　D．数组 a 的首地址

8．若有定义：int (*p)()，则 p 的含义是（　　）。

A．一个指向一维数组的指针变量

B．指针变量，指向一个整型变量

C．一个函数名，该函数的返回值为指针

D．一个指向函数的指针，该函数返回值是一个整数

二、程序分析题。

1．以下程序的运行结果是（　　）。

```
#include <stdio.h>
void main()
{
    int *pa, a=60;
    pa=&a;
    a=*pa+5;
    a%=10;
    printf("\n%d", a);
}
```

2．以下程序的运行结果是（　　）。

```
#include <stdio.h>
void main()
{
    int a=10, b, *p;
    p=&a;
    b=(*p)++;
    printf("\n%d, %d", a, b);
}
```

3．以下程序的运行结果是（　　）。

```
#include <stdio.h>
void main()
{
    int **p2, *p, m=5, n=10;
    p2=&p; p=&m; p=&n;
    printf("\n%d, %d", *p, **p2);
}
```

4．以下程序的运行结果是（　　）。

```
#include <stdio.h>
void main()
{
    int m[ ]={1, 2, 3};
    int *p=m;
    p++;
    printf("\n%d, %d, %d, %d", m[0], p[0], *(p+1), *(m+1) );
}
```

5．以下程序的运行结果是（　　）。

```
#include <stdio.h>
#include <string.h>
void main()
{
    char   *s1="AbDeG", *s2="AbdEg";
    s1+=2; s2+=2;
    printf("%d\n",strcmp(s1,s2));
}
```

三、程序设计题。

1．编写函数实现将 N 个整数中最小的数与第一个数交换，最大的数与最后一个数交换。在主函数中输入 10 个整数，调用以上函数，输出交换后的 10 个数。

2．编写函数实现统计一行字符中大写字母、小写字母、数字及其他字符的个数。在主函数中输入一行字符，调用以上函数进行统计，在主函数中输出统计结果。

3．编写函数 char *fun(char *s , int n)实现将字符串 s 中的字符“循环左移”n 位。例如，输入“ABCDE”，循环左移两位后应输出“CDEAB”。

4．出圈游戏：有 n 个人围成一圈，从 1 开始顺序排号。从第一个人开始报数（从 1 到 3 报数），凡报到 3 的人退出圈子，问最后留下的是原来的第几号？

【提示：可以用数组保存每个人的序号，当退出时，该序号置为 0，同时计数变量 n 减 1。当 n 等于 1，即只剩一个人时，序号为非 0 的即为所求结果。报数的过程中，用指针依次访问各数组元素。】

5．用指针数组实现输入一个月份号（1～12），输出该月份对应的英文名称。如输入 3，则输出“March”。

6．编写函数 strcmp2(char *s1 ,char * s2)实现两个字符串的比较。若 s1=s2，返回值为 0，若 s1≠s2，返回它们二者第一个不同字符的 ASCII 码值之差（如"BOY"与"BAD"，第二个字符不同，返回'O'与'A'的 ASCII 码值的差，即 79-65=14）。即若 s1>s2，返回正值；若 s1<s2，返回负值。

第 9 章　自定义数据类型

本章导读

本章首先介绍了复杂数据的处理方法——自定义数据类型，包括结构体、共用体和枚举类型，其中结构体类型应用最广泛。然后结合实例重点分析了结构体类型的定义和使用方法，以及结构体类型的数组、指针的综合应用，提出了用动态内存分配的方法解决不确定个数的数据处理问题。最后简单介绍了共用体和枚举类型的定义和使用。

本章要点

- 如何表示复杂的数据。
- 如何定义结构体类型，结构体类型与基本数据类型、数组类型有何不同。
- 如何使用自定义的结构体类型定义和使用变量。
- 如何定义和使用结构体数组。
- 如何使用结构体指针访问结构体变量中的成员。
- 如何用动态内存分配在程序中根据需要给数据分配空间。

9.1　如何表示复杂的数据

前面已经学习过的数据类型有整型、字符型、实型、数组和指针类型。其中，前三种基本类型的变量只能表示简单数据，比如一个 int 型变量只能表示一个整数；数组能表示一批相同类型的数据；指针变量只能表示地址，用于实现间接访问。

在实际编程中，我们经常遇到以下复杂的数据处理问题。

问题 1：实现通信录管理系统，实现好友信息的输入和显示，其中每个好友的信息包括姓名、性别、年龄、工作单位、电话。

问题 2：实现学生成绩管理系统，实现学生成绩的输入、输出、排名、查询，其中每个学生的信息包括学号、姓名、三门课的成绩、个人平均成绩。

类似的管理信息系统中，我们要处理的数据是由不同类型的多个数组组合而成的复杂数据。比如一个好友的信息、一个学生的信息，在程序中需要作为一个整体进行数据处理。

如果用简单变量表示一个好友信息中的各个部分，则无法表示它们属于一个好友的内在联系；如果用数组表示一个好友的信息，是无法实现的，因为姓名、年龄等属于不同的数据类型。

C 语言提供了结构体（Structure）类型，用于表示复杂的数据。结构体类型是由程序员根据要处理的复杂数据的需要自己定义的，是由一些任意类型的数据组合而成的。

例如，问题 1 的通信录管理系统中，需要定义好友结构体类型（friends）；问题 2 的学生成绩管理系统中，需要定义学生结构体类型（student）。因此，结构体类型属于自定义数据类型。

下面结合以上问题，介绍结构体类型的定义和使用。

9.2 结构体类型的定义

结构体类型要先定义、后使用。

如何定义问题 1 中的好友结构体类型呢？

例如，定义好友结构体类型 friends，它包括姓名、性别、年龄、工作单位、电话 5 个数据成员。

```
struct friends {
    char name[10];          //姓名
    char sex;               //性别
    int age;                //年龄
    char company[30];       //工作单位
    char tel[12];           //电话
};
```

以上程序段定义了结构体类型 friends，name、sex、age、company、tel 是结构体中的成员，这表示 friends 结构体类型由以上 5 个数据组成。

结构体类型说明的一般形式为：

```
struct  结构体类型名 {
    类型名 1    结构成员名 1;
    类型名 2    结构成员名 2;
    ……
    类型名 n    结构成员名 n;
};
```

struct 是定义结构体类型的关键字，是结构体类型的标志，不能省略。结构体类型名是用户自己定义的，遵循标识符的命名规则。结构体类型的所有成员及其类型说明放在结构体类型名后的大括号中，结构体类型的成员定义以分号（;）结束。

即学即练：定义日期类型 date，它包含年、月、日三个成员。

特别提示：结构体类型中的每个成员的类型可以是任意合法的数据类型，比如 int 类型、char 类型、数组类型等，也可以是已经定义了的结构体类型。

例如，将以上好友结构体类型中的年龄（age）改为出生日期（birthday），定义新的结构体类型 friends2。

案例分析：首先定义出生日期类型 date，然后定义好友类型 friends2。

```
struct date{
    int year;
    int month;
    int day;
};
struct friends2 {
    char name[10];          //姓名
```

```
        char sex;                    //性别
        date birthday;               //出生日期
        char company[30];            //工作单位
        char tel[12];                //电话
};
```

以上程序中，birthday 成员的类型 date 是一个已定义的结构体类型（struct date）。

C 语言中允许结构体类型的嵌套定义，若 date 结构体类型事先没有定义，且仅在此处使用一次，则可以在定义结构体类型 friends2 的同时定义并使用 date 类型，例如，

```
struct friends2{
        char name[10];               //姓名
        char sex;                    //性别
        struct date{
                int year;
                int month;
                int day;
        } birthday;                  //定义 date 结构体类型并同时使用该类型定义 birthday 成员
        char company[30];            //工作单位
        char tel[12];                //电话
};
```

结构体是一种较为复杂但却非常灵活的构造型数据类型。一个结构体类型可以由若干个类型相同或不同的结构体成员组成。编程时，可根据需要定义不同的结构体类型。与数组相比，结构体类型可以将不同类型的相关信息组织在一起，方便用于各种复杂数据的表示。

特别提示：与定义变量和定义数组不同，定义一个结构体类型，只是说明了这个类型的结构，即告诉系统它由哪些类型的成员构成，每个成员的类型是什么，并把它们当作一个整体来处理。此时系统并未分配一段内存单元来存放各数据项成员。只有定义了相应的变量之后，系统才分配一段内存单元来存放结构体的数据。

9.3　结构体变量的定义、初始化和使用

9.3.1　结构体变量的定义和初始化

定义结构体类型的目的是为了使用该类型定义变量、定义数组等，与定义基本类型的变量的方法基本相同。

例如，定义两个好友（friends）类型的变量 f1、f2，如下所示：

```
struct friends  f1, f2;
```

与定义基本类型的变量的方法相似，定义结构体变量的同时也可以对其进行初始化，各个数据成员的值放在大括号中，用逗号分隔，按顺序依次赋给结构体变量中的各个成员。例如，定义好友变量 f3 并为其赋初值的语句如下：

```
struct friends f3={"王晗",'F',23,"高原科技公司","13077678609"};
```

C 语言规定，结构体变量占用一片连续的存储空间，其各成员按照结构体类型定义的先后顺序进行排列，图 9.1 显示了结构体变量 f3 的存储情况。

"王晗"	'F'	23	"高原科技公司"	"13077678609"
name	sex	age	company	tel

图 9.1　结构体变量的存储

与基本类型的变量的定义不同的是，定义结构体类型的同时可以定义结构体变量。

要定义两个分别保存两个复数（2+3i 和 7-2i）的变量时，由于 C 语言中没有“复数”类型，因此需要定义一个结构体类型（complex）来表示复数，同时可以定义两个复数类型的变量（c1 和 c2）用于存放两个复数，例如，

```
struct complex{
        double real;                // real 表示实部
        double image;               // image 表示虚部
}c1,c2;
c1.real = 2;
c1.image = 3;
c2.real = 7;
c2.image = -2;
```

为了提高程序的可读性，一般情况下采用分别定义结构体类型和结构体变量的形式。

9.3.2　结构体变量的使用

定义了结构体变量后，就可以引用这个变量或引用该变量中的某个成员了，最常用的是对结构体变量中各个成员的操作。

1. 引用结构体变量中的成员

一个结构体变量是一个整体数据，但不能将一个结构体变量作为一个整体进行输入、输出，只能对结构体变量中的各个成员分别引用。C 语言中使用成员运算符“.”来引用结构体的成员。

结构体变量中成员的引用格式为：

```
结构体变量名.成员名
```

例如，f3.name 表示结构体变量 f3 中的成员 name，其中的圆点符号称为成员运算符。

对结构体成员的操作与同类型的变量的操作相同，例如，f3.name 的类型为字符数组，凡字符数组所允许的操作，对它均适用，例如，

```
f3.age = 30;
strcpy(f3.name,"zhaojun");
```

特别提示：如果一个结构体类型中包含结构体类型的成员，则应采取逐级访问的方法，直到得到所需访问的成员为止。

例如，以下语句段定义了 friends2 类型的变量 f4 并初始化，然后输出 f4 变量的出生日期。

```
struct friends2 f4={"高歌",'M',{1978,8,12},"麦迪商贸公司","15689031804"};
printf("出生日期：%4d-%2d-%2d\n", f4.birthday.year,f4.birthday.month,f4.birthday.day);
```

2. 结构体变量的整体复制

如果两个结构体变量类型相同，可以将结构体变量作为一个整体赋给另一个结构体变量。例如，

```
struct friends f3={"王晗",'F',23,"高原科技公司","13077678609"},f5;
f5=f3;
```

3. C 语言不允许把一个结构体变量作为一个整体进行输入或输出的操作

例如，以下试图输出好友 f3 的语句是非法的。

```
printf("姓名：%s 性别：%c,年龄：%d,工作单位：%s,电话：%s\n",f3);
```

例 9.1　编程实现通信录管理系统中一个好友信息的输入、显示。

源程序：

```
#include <stdio.h>
//定义好友类型 friends
    struct friends{
        char name[10];              //姓名
        char sex;                   //性别
        int age;                    //年龄
        char company[30];           //工作单位
        char tel[12];               //电话
    };
//在 main()函数中使用结构体类型定义结构体变量，并引用结构体变量的成员
int main()
{
    struct friends f;               //定义结构体变量 f
    printf("输入一个好友的信息，数据间用回车分隔\n");
    printf("姓名：");
    gets(f.name);
    printf("性别（F/M）：");
    f.sex=getchar(); getchar();
    printf("年龄：");
    scanf("%d",&f.age);getchar();
    printf("工作单位：");
    gets(f.company);
    printf("电话：");
    gets(f.tel);
    //输出好友信息
    printf("姓名：%s 性别：%c，年龄：%d，工作单位：%s，电话：%s\n",f.name, f.sex, f.age, f.company, f.tel);
    return 0;
}
```

运行结果：

```
输入一个好友的信息，数据间用回车分隔
姓名：于文
性别（F/M）：M
年龄：34
工作单位：中海容器厂
电话：15066789203
姓名：于文 性别：M，年龄：34，工作单位：中海容器厂，电话：15066789203
```

例 9.1 中，将结构体类型 friends 放在源程序文件的开头，并且是在 main()函数的外面。

特别提示：与基本类型的使用不同，结构体类型的作用范围是有限制的。在函数体内定义的结构体类型的作用域为本函数内，在函数体外定义的结构体类型的作用域为本程序文件内。通常将结构体类型的定义放在函数外面、文件开头的位置，以便程序中后续的函数都能使用。若要引用不在本文件内的结构体类型，通常用#include 命令将定义该类型的文件包含进来。

9.4 结构体数组

例 9.1 只实现了一个好友信息的输入和显示，但问题 1 中的好友通信录管理系统中包含多个好友的信息，如何表示多个好友的信息呢？

数组是相同类型数据的集合，多个好友的信息可以用结构体类型（friends）的数组表示，数组的每个元素是一个 friends 类型的变量，即一个好友的信息。

结构体数组的定义与基本类型的数组相似，例如，下列语句定义了一个结构体数组 f，包含 5 个元素，即 f[0],f[1],…,f[4]，可以保存 5 个好友的信息。

```
struct friends f[5];
```

与基本类型的数组的操作类似，结构体数组也可以初始化，例如，

```
struct complex c[3]={{1,2},{4.5,8.7}};
```

上述语句定义了结构体数组 c，包含 3 个元素，但只对 c[0]和 c[1]进行了初始化，初值放在大括号中。数组的每个元素又是一个结构体类型的数据，因此也用大括号括起来。

对结构体数组的操作与基本类型的数组相似，通常用循环访问每一个元素。而每个元素又是结构体类型，因此对每个元素的访问与结构体类型变量的访问相同，例如，

```
struct complex cc[3]={{1,2},{4.5,8.7},{10,15.2}};
for(int k=0;k<3;k++)
    printf("cc[%d]:%4.2f+%4.2fi\n",k,cc[k].real,cc[k].image);
```

以上程序段的运行结果：

```
cc[0]:1.00+2.00i
cc[1]:4.50+8.70i
cc[2]:10.00+15.20i
```

由此可见，结构体数组元素的引用格式如下：

```
结构体数组名[下标].结构体成员名
```

例 9.2 实现问题 1 的好友通信录管理系统，包含多个好友信息的输入和显示。

源程序：

```
#include <stdio.h>
//定义好友类型 friends
struct friends{
    char name[10];          //姓名
    char sex;               //性别
    int age;                //年龄
    char company[30];       //工作单位
    char tel[12];           //电话
};
//在 main()函数中定义和使用结构体类型 friends 的数组，假设好友数不超过 100
```

```
int main()
{
        struct friends f[100] ;              //定义结构体数组
        int n,k;                             //n 表示好友数，k 表示下标
        printf("输入好友数：");
        scanf("%d",&n); getchar();
        //输入 n 个好友的信息
        for(k=0;k<n;k++){
                printf("输入第%d 个好友的信息，数据间用回车分隔\n",k+1);
                printf("姓名：");
                gets(f[k].name);
                printf("性别（F/M）：");
                f[k].sex=getchar(); getchar();
                printf("年龄：");
                scanf("%d",&f[k].age);getchar();
                printf("工作单位：");
                gets(f[k].company);
                printf("电话：");
                gets(f[k].tel);
        }
        //输出好友信息
        for(k=0;k<n;k++)
                printf("姓名：%s 性别：%c，年龄：%d，工作单位：%s，电话：%s\n",f[k].name, f[k].sex, f[k].age,
f[k].company, f[k].tel );
        return 0;
}
```

运行结果：

```
输入好友数：2
输入第 1 个好友的信息，数据间用回车分隔
姓名：王岩
性别（F/M）：M
年龄：24
工作单位：瀚海科技服务中心
电话：13556001786
输入第 2 个好友的信息，数据间用回车分隔
姓名：李尤
性别（F/M）：F
年龄：35
工作单位：交通科技园
电话：13556002789
姓名：王岩 性别：M，年龄：24，工作单位：瀚海科技服务中心，电话：13556001786
姓名：李尤 性别：F，年龄：35，工作单位：交通科技园，电话：13556002789
```

特别提示：结构体类型的数据通常包含多种类型的成员，输入时需要特别注意用 getchar() 读取多余的回车符。

9.5 结构体指针

通过前一章的学习我们知道，通过指针可以访问它所指向的变量，例如，

```
int data, *pd=&data;
*pd=10;
```

上述语句中，指针变量 pd 指向 int 型变量 data，通过指针 pd 给变量 data 赋值 10。

结构体变量在内存中占据一段内存段，该内存段的首地址就是该结构体变量的地址。通过指向结构体类型数据的指针变量可以间接地访问结构体变量，也可以使用指向结构体数据的指针变量访问结构体数组中的元素。例如，

```
struct complex data, *pc=&data;
(*pc).real=1.5;
(*pc).image=2.4;
```

上述语句定义了结构体类型的变量 data 和结构体类型的指针 pc，且 pc 指向 data，通过 pc 将复数（1.5+2.4i）赋值给变量 data。

C 语言提供了指针运算符“->”，专门用于通过结构体类型的指针访问结构体成员。例如通过 pc 访问 data 变量的语句可以简化为

```
struct complex data, *pc=&data;
pc->real=1.5;
pc->image=2.4;
```

使用指向结构体数据的指针变量引用结构体成员的一般格式为

```
指针变量名->成员名
```

例 9.3 实现问题 2 中的学生成绩管理系统，包括学生成绩的输入、输出、排名、查询。其中每个学生的信息包括学号、姓名、三门课的成绩、个人平均成绩。

案例分析：学生成绩是复杂的数据，需定义结构体类型；多个学生的成绩需要用结构体数组表示；成绩管理系统中包含多个模块，可以分别用函数表示；对学生成绩数组的操作可以通过结构体类型的指针，也可以通过使用下标实现。

源程序：

```
#include <stdio.h>
//函数声明
int input_stu(struct student stu[]);
void output_stu(struct student stu[],int n);
void sort_stu(struct student stu[],int n);
//定义学生类型  student
struct student{
        char number[14];                    //学号
        char name[10];                      //姓名
        float score[3];                     //三门课的成绩
        float average;                      //平均成绩
};
//主程序
int main()
```

```
{
      struct student stu[50] ;              //假设每个班的学生数不超过 50
      int count;                            //实际的学生数
      count=input_stu(stu);                 //输入学生成绩信息
      printf("输出排序前的学生成绩：\n");
      output_stu(stu,count);                //输出学生信息
      sort_stu(stu,count);                  //降序排序
      printf("输出排序后的学生成绩：\n");
      output_stu(stu,count);                //输出学生信息
      return 0;
}

//输入学生成绩，返回值为学生数
int input_stu(struct student stu[])
{
      int n,k,c;                            //n 表示实际学生数，k 和 c 表示下标
      float sum;                            //sum 表示成绩之和
      printf("输入学生数：");
      scanf("%d",&n);   getchar();
      //输入 n 个学生的信息
      for(k=0;k<n;k++){
            printf("输入第%d 个学生的信息，数据间用回车分隔\n",k+1);
            printf("学号：");
            gets(stu[k].number);
            printf("姓名：");
            gets(stu[k].name);
            printf("三门课的成绩（用空格分隔）：");
            sum=0;
            for(c=0;c<3;c++){
                  scanf("%f",&stu[k].score[c]);
                  sum+=stu[k].score[c];
            }
            getchar();               //读取多余的回车符
            stu[k].average=sum/3;
      }
      return n;
}
//输出学生成绩信息
void output_stu(struct student stu[],int n)
{
      for(int k=0;k<n;k++){
            printf("学号：%s,姓名：%s \n",stu[k].number,stu[k].name);
            printf("三门课成绩：");
            for(int c=0;c<3;c++)
                  printf("%5.1f",stu[k].score[c]);
            printf("\n 平均成绩：%7.1f\n",stu[k].average);
```

```
        }
    }

    //按平均成绩降序排名
    void sort_stu(struct student stu[],int n)
    {
        int i,j;
        struct student temp,*pmax;          //pmax 指向待排序数据中成绩较高的元素
        for(i=0;i<n-1;i++)
        {
            pmax=&stu[i];
            for(j=i;j<n;j++)
                if(pmax->average<stu[j].average)
                    pmax=&stu[j];
            //将 pmax 指向的最大值元素与待排序数列中最前面的元素 stu[i]交换
            temp=stu[i];
            stu[i]=*pmax;
            *pmax=temp;
        }
    }
```

在例 9.3 中，用结构体数组作为函数参数，传递的是实参数组的首地址，从而使得实参和形参对应同一个数组。形参 struct student stu[]也可以写为 struct student *stu。在排序的过程中，用指向结构体元素的指针始终指向排序过程中成绩较高的元素，通过指针运算符“->”访问成员 average。

即学即练：在例 9.3 的基础上，编写函数 search_stu(struct student *pstu, char *pnumr)实现根据学号查询学生成绩信息。

9.6 动态内存分配

在例 9.2 和例 9.3 中，好友数和学生数都是在程序运行中由用户输入的，而程序员在编程时不能确定具体的数量，于是采用“估计”的方法定义数组的长度，例如，

```
struct student stu[50];
```

此处假设每个班的学生数不超过 50，则定义数组的长度为 50。于是出现了以下问题。

（1）如果大部分情况下每个班的人数为 40 左右，则多余的数组元素造成了内存空间的浪费。

（2）在实际应用中，用户也很难事先确定具体要处理的数据的个数。因此，由用户输入数据个数的方法不是最方便的解决方案。

如何在程序运行过程中根据实际要处理的数据的个数和类型，动态地给数据分配存储空间呢？

C 语言提供了动态内存分配方法：在程序运行过程中根据需要实时申请内存分配，申请到的内存在不需要时还可以随时释放。这样就可以根据运行程序时要处理的数据的多少随时申请内存，因此可以处理任意多个数据。

通过调用C语言提供的标准库函数来实现动态分配内存空间，常用函数malloc()申请内存空间，用函数free()释放内存空间。使用这些函数时，必须在程序开头包含头文件stdlib.h。

1. malloc函数

函数原型：

```
void * malloc(unsigned int size)
```

功能：申请分配size字节的连续内存空间。若分配成功，函数返回所分配内存的首地址；否则返回空指针（NULL）。

函数的返回值为指向void类型的指针，也就是不规定指向任何具体的类型。因此，需要根据存放数据的类型，首先进行强制类型转换，然后才能正确使用申请的空间。例如，用如下语句申请两个内存单元，分别保存一个int型数据和一个float型数据。

```
int * pi;
float * pf;
pi=(int *)malloc(sizeof(int));
pf=(float *)malloc(sizeof(float));
*pi=10;
*pf=(float)2.5;
```

sizeof(int)用于计算一个int型数据所占的空间大小（字节数），pi指向一个int类型的动态分配的存储单元，pf指向一个float类型的动态分配的存储单元。通过指针可以将数据保存到指定的存储单元中，比如将10赋值给pi指向的存储单元。

若不能确定要保存的数据所占的字节数，通常使用sizeof字节运算符来计算。一般采用以下两种形式之一：

```
sizeof(变量名)
sizeof(类型名)
```

由动态分配得到的存储单元没有名字，只能靠指针变量来引用它。一旦指针改变指向，原存储单元及所存数据都无法再引用。

2. free函数

函数原型：

```
void free(void *p)
```

功能：将指针变量p指向的存储空间释放，系统可以另分配作他用；p值不能是任意的地址，而只能是由在程序中执行过的malloc或calloc函数所返回的地址；free函数无返回值。例如，

```
int * pi=(int *)malloc(sizeof(int));
    ...                    //使用该存储单元
free(pi);                  //使用完存储单元后释放
```

即学即练：如何根据用户输入的数据个数n，申请n个整数的内存空间，并将n个数据从键盘上输入到该空间中？

特别提示：

（1）使用动态分配失败时返回的空指针会造成程序的流产或系统的破坏，因此，程序中应先判断分配是否成功，然后再分别进行处理。

（2）所分配的首地址应先强制转换为所需的类型，然后再使用。

（3）动态内存使用后应及时释放，否则会导致内存资源的枯竭。

例 9.4 用动态内存分配改写问题 1，完成好友通信录管理系统。

案例分析：根据用户输入的好友数申请内存空间；通过指向好友内存空间的指针访问每个好友信息。

源程序：

```
#include <stdio.h>
#include <stdlib.h>

//定义好友类型 friends
struct friends{
    char name[10];              //姓名
    char sex;                   //性别
    int age;                    //年龄
    char company[30];           //工作单位
    char tel[12];               //电话
};

int main()
{
    struct friends *pf,*p;          // 定义指向好友数据的指针 pf 和 p
    int n,k;                        //n 表示好友数，k 表示下标
    printf("输入好友数：");
    scanf("%d",&n);  getchar();
    pf = (struct friends*)malloc(n*sizeof(friends));    //申请存放 n 个好友信息的空间
    if(pf==NULL)
    {
        printf("申请空间失败！");
        exit(0);                    //退出程序
    }
    //输入 n 个好友的信息
    p=pf;        //p 指向申请的内存空间的首地址，通过指针 p 的移动，访问每一个好友信息
    for(k=0;k<n;k++,p++){
        printf("输入第%d 个好友的信息，数据间用回车分隔\n",k+1);
        printf("姓名：");
        gets(p->name);
        printf("性别（F/M）：");
        p->sex=getchar(); getchar();
        printf("年龄：");
        scanf("%d",&(p->age));getchar();
        printf("工作单位：");
        gets(p->company);
        printf("电话：");
        gets(p->tel);
    }
    //输出好友信息
    for(p=pf,k=0;k<n;k++,p++)
```

```
        printf("姓名：%s 性别：%c，年龄：%d，工作单位：%s，电话：%s\n",p->name,p->sex,p->age,
p->company,p->tel );
        //释放 pf 指向的内存空间
        free(pf);
        return 0;
    }
```

例 9.4 中用 malloc(n*sizeof(friends))申请了用于保存 n 个好友信息的内存空间，该空间与例 9.2 中定义的好友数组的空间相同，都是一片连续的内存单元。本程序的运行结果与例 9.2 相同，请读者自行分析。

特别提示：通过指针访问用 malloc()函数获得的内存空间时，必须保证有一个指针始终指向所分配的内存空间的首地址，以便使用完毕后能够用 free()函数释放该内存空间。例 9.4 中，指针 pf 始终指向好友空间的首地址，通过指针 p 的移动来逐个访问每一个好友信息。

*9.7　综合应用——简单链表

例 9.4 实现了根据用户输入的好友数动态申请一段连续的内存空间，用于存放 n 个好友的信息。但并未实现真正的“按需”分配。比如随着程序的运行，好友的数量是不断变化的，有时要添加新好友，有时要删除不再需要的好友信息。因此，在程序开始时分配一段固定长度的连续的内存空间的方法无法解决数据量不断变化的问题。

链表是一种将离散的数据结点连接起来的数据结构。链表中的每个数据是一个结点，各个结点在内存中的位置是离散的，前一个结点“指向”下一个结点，所有的结点组成一个类似“链条”的结构。图 9.2 所示是一个单向链表，包含 4 个结点，head 是链表的头指针，每个结点包含数据和指向下一个结点的指针两部分，最后一个结点的指针为 NULL。

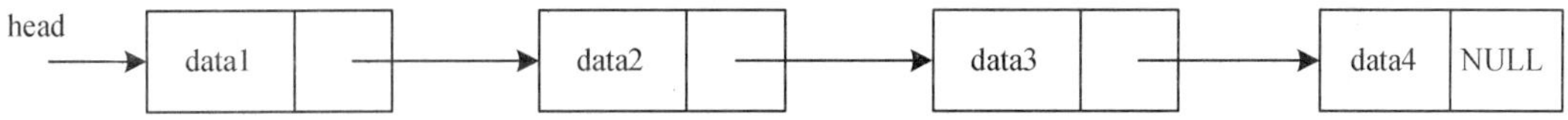

图 9.2　链表结构

由图 9.2 可看出，链表中的各个结点不要求连续存放，而且链表的长度事先不必确定。当需要添加一个数据时，先向系统申请分配一个结构体数据的空间，因此实现链表时要用到动态内存分配技术。每个结点是一个结构体数据，因此链表操作是结构体和动态内存分配的综合应用。

指向链表第一个结点的指针是“头指针”，通常以 head 命名。最后一个结点指针值为 NULL，表示链表的结束。NULL 是系统已定义的一个符号常量，其值为 0，它使得最后一个结点不指向任何数据。

链表的访问必须从头结点开始，通过链表指针顺序访问每一个结点，无法实现像数组那样的随机访问（通过数组名和下标直接访问某个元素）。

由于链表是动态存储结构，因而增加或删除结点的操作非常方便、灵活。下面将以图 9.2 所示的链表结构为例，介绍单向链表的基本操作，包括链表的建立、链表的输出、结点的插入和删除。

例 9.5 用链表实现问题 2 的学生成绩管理系统，包括学生成绩信息的输入、输出、增加、删除。为了简化数据部分的操作，设每个学生的信息包括学号、姓名、成绩。

案例分析：

（1）定义结点的结构体类型 stud_score。

（2）创建链表，输入多个学生的信息。

（3）遍历链表，即输出链表的每个结点的学生信息。

（4）插入结点，设链表结点已按学号由小到大的顺序排列，增加一个结点时需要插入到链表的适当位置。

（5）删除结点，根据学号删除指定的学生数据。

（6）释放链表空间。

下面分别用函数实现以上链表操作，并在 main()函数中进行测试，每执行一个链表操作都调用输出链表的函数查看一下操作结果。

主程序：

```
#include "stdlib.h"
#include "stdio.h"
#define LEN sizeof(struct stud_score)
/*函数声明*/
struct stud_score *create();                    /*创建链表*/
void print_stud(struct stud_score *head);       /* 链表遍历*/
struct stud_score*   insert_stud(struct stud_score *head,struct stud_score *stu); /*插入结点*/
struct stud_score* del_stud(struct stud_score* head,long num);   /*删除指定结点*/
int freelinked(struct stud_score *head);                         /*释放链表*/
int main()
{
    struct stud_score *h;
    h=create();                                 /*建立链表*/
    print_stud(h);                              /*输出链表*/

    /*在链表中插入多个结点*/
    struct stud_score *pnew;
    while(1)
    {
        pnew=(struct stud_score*)malloc(LEN);          /*new 指向待插的新结点*/
        printf("输入学号（输入 0 结束）：");
        scanf("%ld",&pnew->num);getchar();             /*输入新结点的学号*/
        if(pnew->num ==0)
            break;
        printf("输入姓名：");
        gets(pnew->name);                              /*输入新结点的姓名*/
        printf("输入成绩：");
        scanf("%f",&(pnew->score));getchar();          /*输入新结点的成绩*/
        h=insert_stud(h,pnew);                         /*将 new 所指向的新结点插入 h 链表中*/
    }
```

```
    print_stud(h);                                    /*输出链表*/

    /*删除指定学号的结点*/
    long number;
    printf("输入要删除学生的学号：");
    scanf("%ld",&number);getchar();
    h=del_stud(h,number);
    print_stud(h);                               /*输出链表*/

    /*释放链表*/
    freelinked(h);

    return 0;
}
```

1. 定义结点的结构体类型

结点成员包括两部分：一是学生成绩信息（学号、姓名、成绩）；二是指向下一个结点的指针 next。

```
struct stud_score{
    long num;
    char name[10];
    float score;
    struct stud_score *next;
};
```

说明：调试程序时，应将定义结构体类型的程序段放在 main()函数之前、函数声明之后。

2. 建立链表，输入学生信息

实现思路：设结构体指针 head 指向头结点、s 指向新申请的结点、r 指向链表中的最后一个结点。开始时，链表为空，因此 head 的初值为 NULL。通过循环执行以下操作，逐个添加链表的结点。

（1）申请一个新的结点 s。

（2）输入一个学生的学号，若学号为 0，则结束循环，否则继续输入姓名和成绩，存入 s 指向的结点。

（3）判断链表是否为空，若为空，则让 head 和 r 都指向节点 s，即当前结点既是头结点，也是尾结点；否则，将 s 所指的结点连接在 r 所指的结点的后面，用“r->next=s”来实现。

（4）返回链表的头指针，因此函数的返回值为 struct stud_score *类型。

建立链表的源程序：

```
struct stud_score *create()
{
    struct stud_score *head;       /*head 是头指针*/
    struct stud_score *s,*r;       /*s 是指向新开辟的结点的指针，r 是指向尾结点的指针*/
    head=NULL;                     /*刚开始链表为空*/
    /*循环创建每一个结点并添加到链表的末尾，直至输入的学号等于 0 为止*/
    while(1)
    {
```

```
        s=(struct stud_score*) malloc(LEN);         /*开辟一个结点，并使 s、r 指向它*/
        printf("输入学号：");
        scanf("%ld",&(s->num));  getchar();         /*输入学号给 s 所指的结点的 num 成员*/
        if(s->num == 0)
            break;                                  /*如果输入的学号为 0，则结束循环输入*/
        printf("输入姓名：");
        gets(s->name);                              /*输入学生姓名给 s 所指的结点的 name 成员*/
        printf("输入成绩：");
        scanf("%f",&(s->score));  getchar();        /*输入学生成绩给 s 所指的结点的 score 成员*/

        if (head==NULL)        /*如果链表为空，则让头指针和尾指针都指向新建立的结点 s*/
        {
            head=s;
            r=s;
        }
        else
            r->next=s;         /*否则，让尾结点指向新建立的结点*/
        r=s;                   /*改变尾结点*/
    }
    r->next=NULL;              /*尾结点的 next 赋空，表示链表结束*/
    return(head);              /*返回链表的头地址*/
}
```

3. 链表的遍历——输出链表

输出链表中的各个结点的数据是通过链表的遍历实现的，即从链表的第一个结点开始，通过链表指针逐个访问下一个结点，直至最后一个结点（指针为 NULL）。

实现思路：设结构体指针 p 用于指向链表中的结点，遍历开始时，p 的初值为 head，指向第一个结点。遍历的过程通过循环实现（输出 p 指向的结点的学生信息，然后通过 p=p->next 使得 p 指向下一个结点），直至 p 等于 NULL 则表示遍历完成。

输出链表中所有学生信息的源程序：

```
void print_stud(struct stud_score *head)
{
    struct stud_score *p;
    p=head;                              /*指针 p 指向链表的第一个结点*/
    if(head!=NULL)                       /*判断是否为空链表*/
        do
        {
            printf("%4ld,%5.1f\n",p->num,p->score);      /*输出当前结点的数据*/
            p=p->next;                   /*使指针 p 指向下一个结点*/
        }while(p!=NULL);                 /*未到链表尾，继续循环*/
        else
            printf("Linklist is null!\n") ;   /*若为空链表，则输出提示信息*/
}
```

4. 插入结点

将 stu 指向的新结点插入 head 指向的链表中（设 head 指向的链表已经按照学号由小到大的顺序排列）。

实现思路：

首先要确定插入的位置。设有三个指针 p、q、s，p 指向要插入的位置，q 指向 p 的前趋结点，s 指向待插入的结点，将 s 所指结点插在 p 之前、q 之后，如图 9.3 所示。

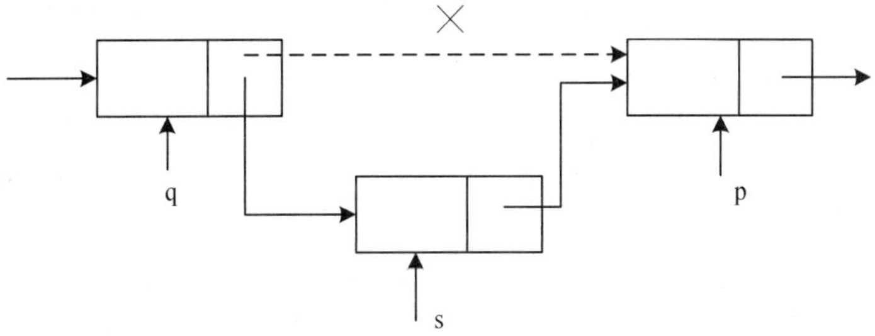

图 9.3　插入节点示意图

查找插入位置时，从链表头节点开始，找到第一个学号大于 s->num 的结点，即为插入位置。在循环查找过程中，用 p 指向要比较的结点，用 q 记录 p 的前结点。

然后执行插入操作，可能遇到以下几种情况。

（1）链表为空表，新结点应作为表的第一个结点，即插在表头。

（2）链表非空，新结点插在头结点之前。

（3）链表非空，新结点插在两个结点之间。

（4）链表非空，新结点插在最后一个结点之后。

插入一个结点的源程序：

```
struct stud_score*    insert_stud(struct stud_score *head,struct stud_score *stu)
{
    struct stud_score *p,*q,*s;
    p=head;                                /*使 p 指向第一个结点*/
    s=stu;                                 /*s 指向要插入的结点*/
    if(head==NULL)                         /*若链表为空表*/
    {
        head=s;                            /*新结点作为链表的第一个结点*/
        s->next=NULL;
    }
    else                                   /*若链表非空*/
    {
        while ((s->num>p->num)&&(p->next!=NULL))      /*找插入位置 p */
        {
            q=p;                           /*q 指向 p 的前趋结点，p 指向下一个结点*/
            p=p->next;
        }
        if (s->num<=p->num)                /*若找到插入位置：p 指向的结点之前*/
        {
            if (head==p)
            {
                head=s;                    /*新结点插在头结点之前*/
```

```
                s->next=p;
            }
            else
            {
                q->next=s;                    /*新结点插在 q 和 p 两个结点之间*/
                s->next=p;
            }
        }
        else                                  /*指针 p 指向最后一个结点：未找到插入位置*/
        {
            p->next=s;                        /*新结点插在最后一个结点之后*/
            s->next=NULL;
        }
    }
    return(head);                             /*返回链表的头指针*/
}
```

5. 删除指定结点

根据学号删除链表中的学生结点，实现思路：

设两个指针变量 p 和 q，p 指向待删除的结点，q 指向 p 的前趋结点。

首先查找要删除的结点：p 从第一个结点开始，检查该结点的学号是否等于要删除结点的学号，若相等，则将该结点删除；否则 p 指针后移，继续查找，直到链表末尾。

链表删除结点的原则：首先让 q 结点的 next 指针指向 p 的 next 指针指向的结点，然后将 p 指向的结点释放。删除操作如图 9.4 所示。

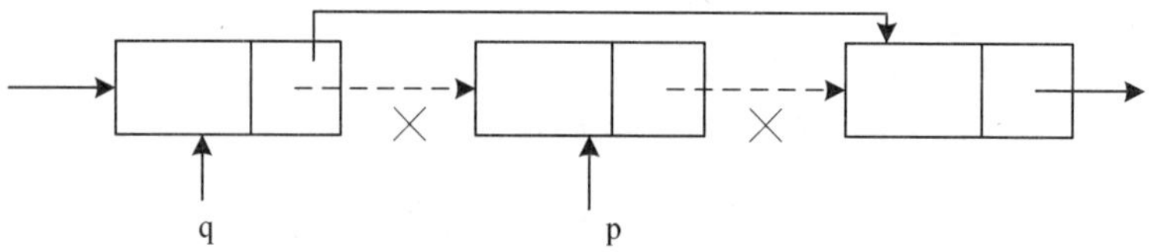

图 9.4　删除结点示意图

按学号删除指定结点的源程序：

```
struct stud_score* del_stud(struct stud_score* head,long num)
{
    struct stud_score *p,*q;                      /*p 指向待删除结点，q 指向 p 的前趋*/
    if(head==NULL)                                /*空链表*/
        printf("\n list null!\n");
    else                                          /*非空链表*/
    {
        p=head;
        while(num!=p->num&&p->next!=NULL)         /*找待删除结点的位置*/
        {
            q=p;                                  /*q 指向 p，p 指向下一个结点*/
            p=p->next;
        }
```

```
        if(num==p->num)                         /*找到待删除结点*/
        {
            if(p==head)
                head=p->next;                   /*要删除的是第一个结点*/
            else
                q->next=p->next;                /*要删除的不是第一个结点*/
            free(p);                            /*释放已删除结点的空间*/
            printf("delete:%ld\n",num);}        /*输出提示*/
        else                                    /*链表中找不到要删除的结点*/
            printf("%ld not been found!\n",num);
    }
    return(head);
}
```

6. 释放链表

程序退出前要释放链表占用的空间。

实现思路：从链表头开始，循环用 free()函数释放每一个结点。

```
int freelinked(struct stud_score *head)
{
    struct stud_score *p,*q;
    p=q=head;
    while(p)                    /*等价于 p!==NULL，即 p 还未指向链表末尾的空指针*/
    {
        q=p;                    /*q 指向要释放的结点*/
        p=p->next;              /* p 指向下一个结点*/
        free(q);                /*释放 q 指向的结点*/
    }
    return 0;
}
```

*9.8　共用体

共用体类型与结构体类型类似，都是将不同的数据项组织为一个整体。与结构体类型不同的是，共用体类型中各个成员在内存中占用首地址相同的一段存储单元。因此共用体类型也称为联合类型。

例 9.6　利用共用体的特点分别取出 int 变量 n 中高字节和低字节中的两个数。设整数 n 占 4 个字节，要求取出高位的 2 个字节、低位的 2 个字节分别表示的数据。

案例分析：

变量 n 是一个 int 型数据，C 语言中没有能够直接对 n 进行拆分的操作。需要利用自定义共用体类型，将 n 的高字节和低字节看作两个 short 型数据，分别进行操作。

本例用到的知识点：共用体类型的定义、共用体变量的定义和使用。

1. 共用体类型的定义和使用

```
union exam
{
    char c;
```

```
        short s;
        int n;
    }x;
```

上述语句定义了包含 3 个成员 c、s、n 的共用体类型 exam，同时定义了一个共用体的变量 x，则系统为 x 分配的存储空间为 4 个字节，即按照成员中占内存空间最大的 int 类型分配，其中各个成员所占用的内存空间的情况如图 9.5 所示。

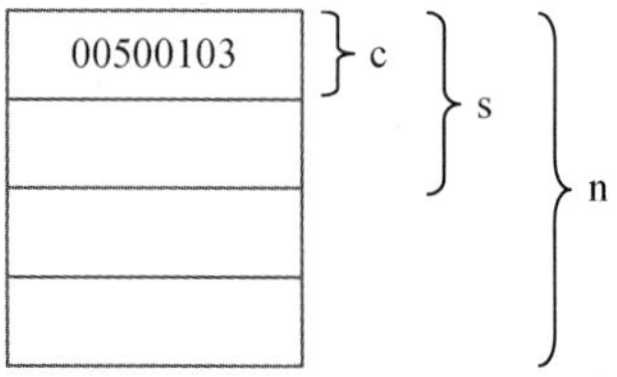

图 9.5　共用体成员的存储结构

从图 9.5 中可看出，三个数据成员占据共同的一段存储空间，因此将此种结构取名为“共用体”类型。

2. 共用体变量的定义和使用

共用体变量的定义和使用方法与结构体变量相同。既可以在定义共用体类型的同时定义变量，也可以单独定义。访问共用体成员也使用成员运算符，例如，

```
x.n=256;
printf("%d,%d,%d",x.c,x.s,x.n);
```

给变量 x 的成员 n 赋值为 256 后，可以分别输出 x 的三个成员的值。

3. 确定不同类型的数据成员所占的字节数

用 sizeof()运算符确定不同类型的数据成员所占的字节数，例如，

```
printf("%4d,%4d,%4d",sizeof(char),sizeof(short),sizeof(int));
```

通过 printf()的运行结果可知，char、short、int 类型的数据所占的字节数分别为 1、2、4，如图 9.5 所示。

4. 案例实现

根据例 9.6 的要求，可以定义一个共用体类型，包含 2 个成员：一个 int 型变量，一个长度为 2 的 short 型数组。给 n 赋值后，输出 short 数组的两个元素，分别对应 n 的高字节和低字节的数据。

源程序：

```
#include <stdio.h>
/*定义共用体类型 data*/
union data
{
    short ss[2];
    int n;
};
typedef union data DATA;        /*定义共用体类型 union data 的别名为 DATA*/
/*将 int 型整数 n 的高位和低位拆分为 2 个 short 型整数*/
int main()
{
```

```
        DATA w;
        w.n=0x00500103;
        printf("n=%d\n",w.n);
        printf("高位=%d，低位=%d\n",w.ss[0],w.ss[1]);
        return 0;
    }
```

运行结果：

```
n=5243139
高位=80，低位=259
```

在例 9.6 中，成员 ss 是数组，元素 ss[1]和 ss[0]分别与 n 的高位和低位的 2 个字节对应，如图 9.6 所示。常量 0x00500103 是十六进制整数（每位数字对应 4 位二进制数），对应十进制数 5243139。拆分后的两个数据分别是 0x0050 和 0x0103，对应十进制数 80 和 259。

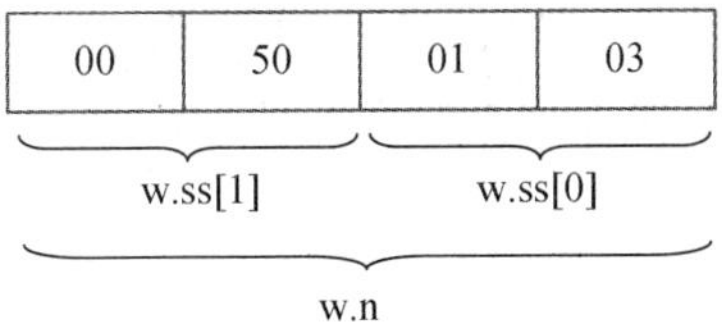

图 9.6　共用体变量 w 的存储结构

特别提示：为了提高程序的可读性，经常用 typedef 将一个较长的标识符定义为一个比较简洁的别名。例如，例 9.6 中定义 union data 的别名为 DATA，以后使用类型名 DATA 即可。

*9.9　枚举类型

例 9.7　编程管理课程表，包括课程名称、上课周次（星期几）、上课节次（每天分 4 大节）、上课地点。假如一周共 4 次课，请输入课程表，然后列表输出。

案例分析：

（1）课程表中的每一次课包含 4 项数据，可以定义为结构体类型。

（2）课程表中星期几是固定的英文单词，可以定义为枚举类型。

（3）每周有 4 次课，课程表可以用结构体类型的数组表示。

解决该问题需要用到的新知识：枚举类型及其使用。

1. 枚举类型及其定义

如果一个变量的取值是固定的几种可能的数据，可以定义为枚举类型。所谓“枚举”是指将变量的值一一列举出来，变量的值只限于列举出来的值的范围内。例如语句：

```
enum weekday{Sunday,Monday,Tuesday,Wednesday,Thursday,Friday,Saturday};
```

其中，enum 是关键字，标识枚举类型。星期一至星期日的英文名称是固定的 7 个字符常量，因此可以定义为枚举类型 weekday，大括号中列出了 weekday 类型的变量的所有可能的值，即枚举常量。

2. 枚举类型变量的定义和使用

枚举类型变量的定义与结构体变量的定义方法相同。但枚举类型的变量的值只能是枚举类型定义中列举的常量。

枚举常量是有值的，C 语言按定义时的顺序定义它们的默认值为 0、1、2、…。根据需要也可以在定义时指定枚举常量的值。例如，

```
enum weekday(Sunday=7,Monday=1,Tuesday,Wednesday,Thursday,Friday,Saturday);
```

指定枚举常量的值后，其后的元素的值依次递增。即 Sunday 的值为 7，Monday 的值为 1，Tuesday 的值顺序加 1，即 Tuesday=2,…,Saturday=6。

特别提示：虽然每个枚举常量对应一个整数，但不能把一个整数直接赋给一个枚举变量，应先进行强制类型转换。例如，

```
enum weekday day1,day2;
day1=Monday;
day2=(enum weekday)1;
if(day1==day2)
    printf("==");
```

以上程序段的运行结果为“==”，即 day1 和 day2 变量的值是相等的。

3. 用枚举类型和结构体类型实现例 9.7 的课程表管理

源程序：

```
#include <stdio.h>
/*定义枚举类型 weekday*/
enum weekday
{
    Sunday=7,Monday=1,Tuesday,Wednesday,Thursday,Friday,Saturday
};

/*定义课程表结构体类型*/
struct coursetable
{
    char course_name[20];                //课程名
    enum weekday day;                    //上课周次
    int lesson_num;                      //上课节次
    char address[20];                    //上课地点
};

/*输入课程表，并列表显示*/
int main()
{
    struct coursetable mycoursetable[4];      //每周 4 次课
    char week_name[7][12]={"Sunday","Monday","Tuesday","Wednesday","Thursday","Friday","Saturday" };
    /*输入课程表*/
    int k,d;
    for(k=0;k<4;k++)
    {
        printf("输入课程名：");
        gets(mycoursetable[k].course_name);
        printf("输入开的周次（星期几 1~5）：");
        scanf("%d",&d);getchar();
        mycoursetable[k].day=(enum weekday)d;
```

```
        printf("输入上课节次（ 1～4）：");
        scanf("%d",&d);getchar();
        mycoursetable[k].lesson_num=d;
        printf("输入上课地点：");
        gets(mycoursetable[k].address);
    }
    /*列表输出*/
    printf("%20s%12s%6s%20s\n", "课程名","星期几","第几节","地点");
    for(k=0;k<4;k++)
        printf("%20s%12s%6d%20s\n",mycoursetable[k].course_name,week_name[mycoursetable[k].day],
mycoursetable[k].lesson_num,mycoursetable[k].address);
    return 0;
}
```

运行结果：

```
输入课程名：C Programming
输入开的周次（星期几 1～7）：2
输入上课节次（1～4）：1
输入上课地点：2101
输入课程名：Java Programming
输入开课周次（星期几 1～7）：2
输入上课节次（1～4）：3
输入上课地点：1420
输入课程名：OS
输入开的周次（星期几 1～7）：3
输入上课节次（1～4）：4
输入上课地点：4201
输入课程名：Database
输入开的周次（星期几 1～7）：5
输入上课节次（1～4）：3
输入上课地点：4202
      课程名            星期几      第几节      地点
    C Programming       Tuesday        1        2101
    Java Programming    Tuesday        3        1420
    OS                  Wednesday    4        4201
    Database            Friday         3        4202
```

本例中，为了方便输出课程周次（星期几的英文名称），事先将“星期几的英文名称”按照枚举类型定义的先后顺序放入二维字符数组 week_name 中，需要名称时可以用枚举类型的“开课周次”作为下标直接取出。

使用枚举类型既可以提高程序的可读性，又可以限定变量的取值，避免无效数据的输入。

本章小结

本章主要介绍了 C 语言中的三种自定义数据类型，用于表示复杂的数据。

1．结构体（struct）：把具有相互关系的不同类型的数据组成一个有机的整体。

结构体类型需要先定义、后使用。结构体类型的变量、数组的定义和使用方法与基本类型的相似，但结构体变量不能作为一个整体输入、输出，通常采用成员运算符“.”或指针运算符“->”引用结构体变量的成员。

2．共用体（union）：又称联合体，是几种不同类型的变量共用一段存储空间。

共用体类型的定义与结构体类似。当定义一个共用体变量时，系统分配给它的内存是成员中占内存量最大的成员所需的容量。共用体变量的访问方式也与结构体类似，对共用体变量的引用也必须是对其成员的引用。与结构体不同的是，共用体变量在程序运行期间只能保存一个成员的值。

3．枚举型（enum）：将变量的所有可能的值一一列举出来。

枚举类型中的元素是常量，每个常量与一个整数相对应，默认值从 0 开始。

4．用 typedef 可以将比较长的结构体类型名、共用体类型名等定义新的别名，代替已有的类型名进行使用。

习 题 9

一、选择题。

1．设有以下说明语句，则下面的叙述中不正确的是（　　）。

```
struct tt
{    int x;
     float y;
     char z;
}example;
```

A．struct 是结构体类型的关键字　　B．example 是结构体类型名

C．x、y、z 都是结构体成员名　　D．struct tt 是结构体类型名

2．若有如下定义，能输出字母 M 的语句是（　　）。

```
struct person
{    char name[9];
     int age;
};
struct person classes[10]={"Jhon",17,"Paul",19,"Mary",18,"Adam",16};
```

A．printf("%c\n",classes[3].name);　　B．printf("%c\n",classes[3].name[1]);

C．printf("%c\n",classes[2].name[1]);　　D．printf("%c\n",classes[2].name[0]);

3．若有如下定义，则对 data 中的 a 成员的正确引用是（　　）。

```
struct sk
{    int a;
     float b;
} data, *p=&data;
```

A．(*p).data.a　　B．(*p).a　　C．p->data.a　　D．p.data.a

二、程序分析题。

1．用 3 种不同的方法实现对结构体变量 stu1 中成员 age 的引用，请填写在划线处。

```
#include <stdio.h>
int main()
```

```
{
        struct student
        {   int age;
            int num;
        };
        struct student stu1={18,9901}, *p;
        p=&stu1;
        printf("age=%d\n",   ________ );
        printf("age=%d\n",   ________ );
        printf("age=%d\n",   ________ );
        return 0;
}
```

2．以下程序的运行结果是（　　）。

```
#include <stdio.h>
struct point{
        int x;
        int y;
};
struct example
{
        point in;
        int a;
        int b;
};
void main()
{
        example e;
        e.a=1; e.b=2;
        e.in.x=e.a*e.b;
        e.in.y=e.a+e.b;
        printf("%d,%d\n",e.in.x,e.in.y);
}
```

3．以下程序的运行结果是（　　）。

```
#include <stdio.h>
struct ks
{   int a;
    int *b;
};
void main()
{
        struct ks s[4],*p;
        int n=1, i;
        printf("\n");
        for(i=0;i<4;i++)
        {
```

```
            s[i].a=n;
            s[i].b=&s[i].a;
            n=n+2;
        }
        p=&s[0];
        p++;
        printf("%d,%d\n",(++p)->a,(p++)->a);
    }
```

4．以下程序段的功能是统计链表中结点的个数，其中 first 为指向第一个结点的指针。请在划线处填空。【提示：链表末尾的指针为 NULL。】

```
#include <stdio.h>
struct link
{   char data;
    struct link *next;
};
…
struct link *p,*first;
int c=0;                         //c 表示结点的个数
p=first;
while(________________)
{    ________________;
     p=______________;
}
```

三、程序设计题。

1．定义一个结构体变量，其成员包括职工号、职工名、性别、年龄、工龄、工资、地址，从键盘输入所需的数据，然后用 printf 函数打印出来。

2．在第 1 题的基础上，输入 n 个职工的信息，按照职工号由小到大排序，按职工号查询指定职工的个人信息，用列表的方式显示所有职工的信息。要求每个功能用一个函数实现。

3．用单向链表处理一批实验数据。链表结点包含一个浮点型数据和一个指针。从键盘输入所有的实验数据（输入数据为-1 时，表示输入结束），统计有效实验数据的个数，求所有实验数据的最大值和最小值，删除最大值和最小值，求去掉最大值和最小值后的平均值。要求每个功能用一个函数实现。

4．用共用体类型实现将 4 个字符“拼”成一个 int 型数。把由这 4 个字符连续组成的 4 个字节内容作为一个 int 型整数输出。

5．设已有 a、b 两个链表，链表中的每个结点包括学号、成绩，并已按学号升序排列。编写函数把两个链表合并，并按学号升序排列。

★第 10 章　位运算

本章导读

位运算是指按二进制进行的运算。在系统软件和实时控制软件中，经常需要处理二进制位的问题。前面我们学过的各种运算的最小单位是字节，无法解决二进制位的问题。因此，C 语言提供了位运算符和位段结构，用来处理二进制数据的位及字节，实现位运算。本章首先介绍了 C 语言中的 6 个位操作运算符及其应用，然后介绍了位段的定义及其应用。本章的学习重点在于正确理解位运算与算术运算、逻辑运算的区别，掌握各种位运算在实际应用中的不同用法。

本章要点

- 位运算符及位运算符表达式的运算规则。
- 位运算在实际中的应用。
- 位段的概念和定义。
- 位段的应用。

10.1　位运算符和位运算表达式

在系统软件和实时控制软件中，我们经常需要处理二进制数据的某些位、某个字节等。例如温度控制系统中，需用一位二进制位控制一台加热或降温设备的启动与停止（当该位为 1 时启动，为 0 时停止），每一个温度等级指示灯、报警指示灯均需一位二进制位控制其亮与灭。具体实现过程：将当前温度值与设定温度值比较，得出每台设备对应的二进制位应该置 1 还是置 0，然后将包含控制位的二进制数据输出，即实现了对设备的自动控制。再如，在系统软件的中断系统中，每一个中断源对应中断寄存器中的一个二进制位，该位为 1 时表示该中断源有中断请求。根据中断寄存器的各个二进制位，就可以判断出是哪个中断源提出的中断申请。在此类问题的解决过程中，均需要对二进制数据中的一位或多位进行赋值以及输入输出等操作。这种对二进制数据的位进行的运算即位运算。

C 语言中提供了如表 10.1 所示的 6 种位运算符。

表 10.1　位运算符

运算符	&	|	^	~	<<	>>
含义	按位与	按位或	按位异或	按位取反	左移	右移

特别提示： C 语言只允许对整型、字符型数据进行位运算，而对实型数据不能进行位运算。

1. 运算符（&、|、^、~）

位运算符的运算规则见表 10.2。下面分别介绍各个位运算符的运算规则及其实际应用。

表 10.2　位运算符的运算规则

A	B	A&B（与）	A|B（或）	A^B（异或）	~A（取反）
0	0	0	0	0	1
0	1	0	1	1	1
1	0	0	1	1	0
1	1	1	1	0	0

位运算符的运算规则如下：

- 0 与 x（0 或 1）相与结果为 0，可用于某些位的清 0。
- 1 与 x（0 或 1）相或结果为 1，可用于某些位的置 1。
- 1 与 x（0 或 1）异或，结果使 x 翻转，相当于~x，可用于使某些位翻转。
- 按位取反运算可使运算量的每一位都翻转。

例 10.1　设 a、b 均为 8 位二进制数，且 a=57、b=42（均为十进制），计算以下表达式的值，a&b、a|b、a^b、~a。

解：将 a、b 转换成二进制后分别为 00111001、00101010，运算说明如下：

```
a&b:                              a|b:
        00111001    …a                    00111001    …a
&       00101011    …b            |       00101010    …b
-------------------               -------------------
        00101000    …a&b                  00111011    …a|b

a^b:                              ~a:
        00111001    …a            ~       00111001
^       00101010    …b            -------------------
-------------------                       11000110
        00010011    …a^b
```

特别提示：按位运算时，分别对数据的每一个二进制位进行运算，位与位之间无进位或借位。

例 10.2　编写函数，其功能为将一个整数 k 的低 4 位置 1，将结果返回。

案例分析：根据位运算符的运算规则可知，用或运算实现，即将 k 的低 4 位分别与 1 相或，其他位与 0 相或，即 k 与十六进制的 000f 相或。

源程序：

```
int set(int k)
{ k=k|0x000f;      return(k); }
main()
{   int a=0x40;                     /*a 的初值为十六进制数 40*/
    printf("\n%x", set(a));         /*以十六进制格式输出*/
}
```

运行结果：

```
4f
```

特别提示：任何二进制位与 1 相或能实现置 1，与 0 相或该位保持不变。

例 10.3 编程实现将一整数 n 的高 8 位翻转，低 8 位不变。

案例分析：根据位运算符的运算规则可知，用异或运算实现，即高 8 位与 1 相异或，低 8 位与 0 相异或，也就是 n 与十六进制的 ff00 相异或。

源程序：

```
main()
{   int n=257;
    printf("\n before    reset, n=%x" , n);
    n=n ^ 0xff00;
    printf("\n after reset: n=%x", n);
}
```

运行结果：

```
before    reset, n=101
after reset, n=fe01
```

转换前，n 的值为十进制数 257，对应的二进制数为 0000000100000001；转换后，n 的值变为二进制数 1111111000000001，高 8 位翻转了。

特别提示：任何二进制位与 0 异或，保持不变；与 1 相异或，对应位翻转。

例 10.4 将一个整数中的高 4 位置为 1010 并输出结果。

案例分析：根据位运算符的运算规律，可以很方便地进行置 1、清 0、翻转等操作，但无法直接给某几位赋值。可以考虑用以下两步实现：首先将高 4 位清 0（与 0x0fff 相与），然后再与 0xa000 相或（即高 4 位与 1010 相或，低 12 位与 0 相或）。

源程序：

```
main()
{   int a, b;
    a=0x3128;                  /*a 为待处理的数据，即为二进制数 0011 0001 0010 1000*/
    b=a&0x0fff ;               /*b 用来保存将 a 的高 4 位清 0 后的结果*/
    a=b|0xa000 ;
    printf("%x" , a);
}
```

运行结果：

```
a128
```

由运算结果可知，a 的高 4 位由 0011 变为 1010。

2. 左移（<<）右移（>>）运算符

左移：将一个数的各个二进制位左移若干位，高位左移后舍弃，低位补 0。

例如，有语句“int a=8;”，即 a 为二进制数 00001000，则执行语句“a=a<<2;”后，将 a 的二进制数左移两位，则 a 的值变为 00100000，即低两位补 00。

右移：将一个数的各个二进制位右移若个位，低位右移后舍弃；要区别有符号数还是无符号数，以此来决定高位补 0 还是补 1，无符号数高位补 0，有符号数高位补原符号位（前提是数据在内存中以补码形式存放）。

例如，有语句“unsigned int a=8;”，即 a 为无符号二进制整数 00001000，执行语句“a=a>>2;”后，将 a 的二进制数右移两位，则 a 的值变为 00000010，即低两位舍弃，高两位补 00。

例 10.5 设有 16 个霓虹灯，分别用无符号整数 a 中的二进制位控制其亮与灭。a 的初始值为 1100110011001100，然后进行循环：a 循环右移 1 位，输出 1 次；直至按任意键停止。由此实现霓虹灯按顺时针或逆时针方向流动显示。

案例分析：保存控制字的变量 a 必须定义为无符号整型，否则右移时高位补符号位，不易实现循环右移。解决该问题的关键是如何实现 a 循环右移 1 位。

根据已有的位运算符的功能，可以考虑用三步实现。

（1）将 a 左移 15（=16-1）位，使最低位的一个 1 移至循环移位后的目标位置。结果存放于变量 b 中。

（2）将 a 右移 1 位，使得高 15 位移至循环移位后的目标位置。结果存放于变量 c 中。

（3）将 b 与 c 进行或运算，便得到循环右移 1 位后的数据。

程序如下：

```
#include <stdio.h>
main()
{   unsigned a, b, c;
    a=0xcccc;
    while(!kbhit())
    {   b=a<<(16-1);
        c=a>>1;
        a=b|c;
        printf("%x ",a);
    }
}
```

在上述程序中，函数 kbhit 的作用是检测当前是否有键被按下，没有键被按下则返回零值，否则返回非零值。

特别提示：将一个整数 a（16 位）循环右移 n 位，可用以下三步实现：①“b=a<<(16-n);”；②“c=a>>n;”；③“a=b|c;”。

3. 位运算符的优先级

按位取反（~）优先级最高，其次是左移（<<）、右移（>>），然后依次是按位与（&）、按位异或（^）、按位或（|）。与其他运算符相比较，其优先级情况见附录 C。

如表达式 c=a^b>>2 的运算顺序为：先右移，后异或，最后赋值。

总之，通过位运算可实现将二进制数的某些位清 0、置 1、翻转、循环移位等操作。通过本小节前面的几个例题可以发现：位运算是对参加运算的整个二进制数据的每一位进行规定的运算，而不能只对其中的某些位直接操作。如例 10.4 中，要将一个整数的高 4 位置为 1010，不能直接对高 4 位赋值，只好通过将该数据与特定的数据进行适当的位运算来实现。所以当在一个字节中存放几个信息时，用以上的位运算符虽然也能实现对每个信息的赋值或读取，但比较麻烦。而采用位段的的方法，可以很方便地实现。

10.2 位段

1. 位段的概念

以位为单位定义其长度的结构体成员即位段。

2. 位段的定义

例 10.6 若某个控制字长 32 位，分 5 段，每段的长度分别为 2、6、4、4、16 位；每段存放一个信息，且第 4 段空出不用。可用如下结构体类型描述。

```
struct con_word
{   unsigned    a: 2;          /*有名位段 a*/
    unsigned    b: 6 ;
    unsigned    c: 4;
    unsigned     : 4;          /*无名位段*/
    int i ;
} data;
```

变量 data 包含 3 个有名位段 a、b、c 和一个无名位段、一个整型成员 i，其长度分别为 2 位、6 位、4 位、4 位、16 位二进制位，其存储结构如图 10.1 所示。由图 10.1 可知，位段是一结构体成员，该成员除说明数据类型外，还必须说明其长度（即所占二进制位数）。其中无名位段表示这 4 位空间空出不使用，有名位段 a 放在变量 data 的最低位置。

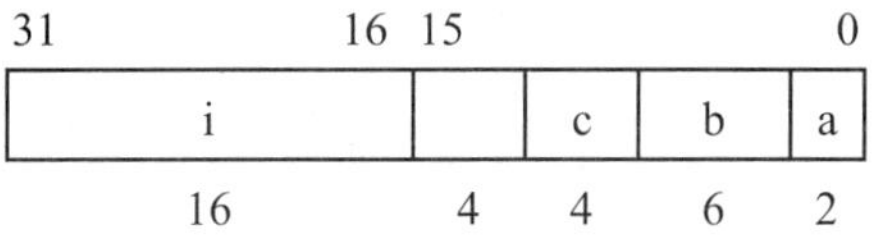

图 10.1　位段的存储结构

3. 位段的引用

位段是结构体类型的成员，因此，位段的引用同结构体成员的引用方法相同。如：

```
data.a=0x01;              /*给位段 a 赋值*/
data.b=0x0a;              /*给位段 b 赋值*/
data.i=12;                /*给 i 赋值*/
printf("%02x,   %02x,   %4d", data.a, data.b ,data.i );
```

该程序段的输出结果为

```
01,    0a,     12
```

特别提示：使用位段时，要注意该位段能表示的数据范围。如位段 a 可存放的数据的范围为 0x00～0x03，因为位段 a 只占用两个二进制位。

4. 位段的应用

编程模拟一个温度测控系统（温度采用摄氏度）。从键盘输入模拟温度的采样值（0～255，不包括 0 和 255），该采样值与 0.2 相乘，得出实际温度值。根据该实际温度值，控制温度指示灯的亮与灭（从 1 度开始，温度每增加 10 度则多点亮一个指示灯）；将该实际温度值与设定温度值进行比较，当实际温度值小于 10 度和高于 40 度时分别开启升温设备和降温设备，同时报警。反复以上过程，当输入的温度采样值为 0 时停止。

系统中需要控制的设备有五个温度指示灯、升温设备、降温设备、报警设备。因此可用如下的结构体变量 word 表示该系统的控制字，其成员构成如下所述。

（1）无符号整型 tem1 用来存放输入的温度采样值（0～255），若每个刻度代表 0.2 度，则可以测量的温度范围为 0～51 度。浮点类型的成员 tem2 用来存放 tem1 成员转换成的温度值。

（2）四个位段存放（要输出的）控制数据。其中，位段 lmp 宽度为 5，控制五个温度指示灯，值为 1 时灯亮、为 0 时灯不亮。其余的 3 个位段 sw1、sw2 和 alm 宽度均为 1，分别控制升温设备、降温设备和报警设备，都是值为 1 时开启、为 0 时关闭。

函数 sample()实现测温采样：通过键盘输入模拟测温数据，并转换成实际温度值。

函数 control()实现输出控制：通过屏幕显示和喇叭鸣笛的方式输出温度值、温度级别、设备开启和关闭情况及报警状态。

上述两个函数的参数均为接收控制字 word 地址的指针变量。

程序反复进行采样、控制过程，当输入的测温值为 0 时停止。

程序如下：

```
#define ON 1
#define OFF 0
struct ctrl_type
{   unsigned char tem1;
    float tem2;
    unsigned lmp:5;
    unsigned sw1:1;
    unsigned sw2:1;
    unsigned alm:1;
};
main()
{   void sample(struct ctrl_type *wp);
    void control(struct ctrl_type *wp);
    struct ctrl_type word;
    while(1)
    {   sample(&word);     /*温度采样*/
        word.lmp= ~(0xffff<<(int)word.tem2/10);   / *生成温度指示灯控制位*/
        /*生成升温、降温设备及报警设备的控制位*/
        if(word.tem2<10) {word.alm=ON;word.sw1=ON; word.sw2=OFF;}
        else if(word.tem2<40){word.sw1=word.sw2=word.alm=OFF;}
            else {word.sw1=OFF;word.sw2=word.alm=ON;}
        control(&word);                /*输出控制字，控制各设备*/
    }
}
void sample(struct ctrl_type *wp)
{   printf("\ninput test data(0~255) (0 for end):");
    scanf("%u",&wp->tem1);
        if(wp->tem1= =0) exit(0);
    wp->tem2=wp->tem1*0.2;
}
void control(struct ctrl_type *wp)
{   char i, m;
    printf("\n%6s %6s %4s %4s %6s","degree","lamp","sw1","sw2","alarm");
    printf("\n %6.1f ", wp->tem2);
    for(i=0, m=0x10; i<5; i++, m>>=1)
        printf("%c", wp->lmp&m ? '*' : ' ');    /*用“*”表示温度指示灯亮*/
    printf("%4s",wp->sw1?"ON":"OFF");       /*用 ON 表示开启，用 OFF 表示关闭*/
    printf("%4s",wp->sw2?"ON":"OFF");
    printf("%6s",wp->alm?"ON\x07":"OFF\x20");
}
```

上述程序中，温度指示灯控制位的生成与输出较复杂，说明如下：

语句 word.lmp=~(0xffff<<(int)word.tem2/10);实现控制位的产生，现举例说明。若此时实际

温度值为 37 度，则 5 位指示灯控制位中应有 3 位为 1，如何将 37 转换成 3 位二进制的 1 呢？可先将 37 除以 10 再取整得 3；然后将十六进制的整数 ffff（每一位均为 1）左移 3 位，低位补上了 3 个 0；再将该数据取反，则低 3 位的 0 变成了 3 个 1，其余位为 0，便得到了指示灯的控制位，即 3 个 1；for 语句实现指示灯控制位的输出，每循环一次输出一位控制位。

本章小结

1. 位运算和位段实现了对二进制数据的某些位进行操作，从而使得 C 语言在控制系统和系统软件中得以广泛的应用。

2. 用位运算可以实现对二进制数据的某些位置 1、清 0、翻转、置为特定值、循环移位等操作，但较麻烦。

3. 用位段可以更方便地对二进制位直接赋值、引用。

习 题 10

一、程序分析题。

1．以下程序的运行结果是（　　）。

```
void main()
{   unsigned a, b;
    a=0x9a ;    b=~a;
    printf("a: %x\n b: %x\n" ,a, b);
}
```

2．以下程序的运行结果是（　　）。

```
void main()
{   unsigned char a, b;
    a=0x1b;
    printf("0x%x\n" , b=a<<2);
}
```

3．以下程序的运行结果是（　　）。

```
void main()
{   char a= -8; unsigned char b=248;
    printf("%d, %d" , a>>2, b<<2);
}
```

4．以下程序的运行结果是（　　）。

```
void main()
{   int m=20, n=025;
    if(m^n) printf("\nmmm");
    else printf("\nnnn");
}
```

5．以下程序的运行结果是（　　）。

```
void main()
{   char a=0x95, b, c;
```

```
    b=(a&0xf)<<4;
    c=(a&0xf0)>>4;
    a=b|c;
    printf("\n%x", a);
}
```

6．以下程序的运行结果是（　　）。

```
void main()
{   unsigned a=0112, x, y, z;
    x=a>>3;
      printf("\nx=%o, ", x);
    y=~(~0<<4);
        printf("y=%o, ", y);
    z=x&y;
        printf("z=%o" , z);
}
```

二、计算、填空题。

1．计算下列表达式的值，注意优先级。

（1）3&5　（2）3&&4　（3）3|5　（4）3||5　（5）x^x　（6）x^~0

（7）x^0　（8）~x^x　（9）~x&x　（10）~x|x　（11）!x&x　（12）(7&3)==3

2．填空。

（1）设 x 是一个整数（16 位），若要通过 x|y 使 x 低 8 位置 1，高 8 位不变，则 y 的八进制数是__________。

（2）int x=1;，则执行“~x”后 x 的十六进制形式为__________。

（3）设 x=10100011，若要通过 x^y 使 x 的高 4 位取反，低 4 位不变，则 y 的二进制数是__________。

（4）在 C 语言中，&运算符作为单目运算符时表示的是__________运算，作为双目运算符时表示的是__________运算。

（5）与表达式 a&=b、x^=y-2 等价的另一书写形式分别是__________、__________。

三、程序设计题。

1．编程实现：取出一个 16 位的二进制数的奇数位（即从右边起第 1、3、5、…、15 位，这些奇数位保留原值，其余位为 0）。

2．编程实现：检查你所用的计算机系统的 C 编译程序在执行右移时是按照逻辑移位的原则还是按照算术移位的原则。

【提示：若输入一负整数，如$(-16)_{10}$，执行右移两位后，以十六进制格式输出，判断高位补 0 还是补 1；若输入一正整数$(16)_{10}$，重复以上操作，看结果如何。注意，以十六进制输出的是数据的补码。】

3．某测控数据长一个字节，其高 3 位（d7～d5）为输入数据，低 5 位（d4～d0）为输出数据。当输入测试码为二进制的 000～111 时，对应的输出控制码分别为 00000、00001、00010、00100、01000、10000、01110、11111。编程模拟该过程：从键盘输入测试码、在显示器上显示输出控制码，其中二进制位 0 和 1 分别用字符“-”和“*”表示。

第 11 章　文件

本章导读

在前面讲述的程序中，我们所需要输入的数据都来自标准输入设备（终端键盘），而且每次运行时都要重新输入；所得到的结果也总是送到标准输出设备（屏幕）上去，无法实现永久性的保存以便日后使用。而实际应用中，我们经常需要从文件读取数据，或者把数据保存到某个文件中，这就要用到文件的输入输出。

例如，在学生成绩管理系统中，学生的考试成绩只需输入一次，以文件的形式保存起来，以后需要时直接从文件中读取成绩；而且成绩处理（如排名次）的结果也可以保存为文件，以后可以直接从该文件中查看排名情况，无需每次都执行排名次的操作。可见，在类似这样的系统中，要实现数据的永久性保存，只能使用文件来实现。

本章简要介绍 C 语言的文件系统，重点讨论 C 语言文件的基本操作（打开、读写、关闭）。关于文件读写的函数有许多，读者可先掌握最通用的数据块读写函数，然后再逐步熟悉其他相关内容。

本章要点

- C 文件系统的基本概念。
- 文件的打开与关闭。
- 文件的读写。
- 文件的定位。

11.1　C 语言文件系统

例 11.1　从键盘上输入一批实验数据（输入 0 则结束），保存到文本文件 data.txt 中，数据之间用空格或回车作为分隔符。

源程序：

```
#include <stdio.h>
#include <stdlib.h>
int main()
{   FILE  *fp;                                  /*定义指向文件的指针 fp */
    float temp;
    fp=fopen("data.txt","w");                   /*打开文件*/
    if(fp==NULL)                                /*若打开文件错误，则退出程序*/
    { printf("\n open file error"); exit(0); }
    printf("input data(0 for end):");
    while(1)
```

```
    {   scanf("%f",&temp);                    /*从键盘读取一个数据*/
        if(temp==0)
            break;
        fprintf(fp,"%10.4f ",temp) ;          /*将数据写入文件*/
    }
    fclose(fp);                               /*关闭文件*/
    return 0;
}
```

运行结果：

```
input data(0 for end):
90 92 94.6 88.4 86 0
```

程序运行结束后，用“记事本”打开文件 data.txt 查看内容如下：

```
90.0000    92.0000    94.6000    88.4000    86.0000
```

以上程序实现了从键盘输入多个实验数据并将数据写入指定的文件 data.txt 中的功能。在文件操作的过程中，首先定义一个文件指针（FILE 类型）fp，然后用 fopen()函数打开文件，使得指针 fp 指向文件 data.txt，再利用 scanf()函数从键盘读取实验数据并进行处理（若数据等于 0，则循环结束，否则将数据用 fprintf()函数写入文件），最后用 fclose()函数关闭文件。

通过例 11.1 我们了解了文件操作的基本过程：①定义文件指针；②打开文件；③文件读写；④关闭文件。

以上关于文件的操作都是通过调用 C 的文件操作函数实现的，该函数对应的头文件是“stdio.h”。为了能够正确使用文件操作的相关函数，需要先了解 C 语言的文件系统，理解什么是文件，文本文件和二进制文件有何区别，什么是文件指针等相关概念。

1. C 语言文件

所谓“文件”，一般指存储在外部存储介质（如磁盘、光盘等）上的数据的集合。操作系统是以文件为单位对数据进行管理的，每个文件都有一个文件名。

C 语言将文件看作是“数据流”，即文件是由一串连续的、无间隔的字符数据构成，这种结构称为“流式文件结构”。其特点是，在处理流式文件结构时不需考虑文件中数据的性质、类型和存放格式，访问时只是以字节为单位对数据进行存取，没有记录的概念，而将对数据结构的分析、处理等工作都交给后续程序去完成。因此，该文件结构更具灵活性，对存储空间的利用率高，同时对编程者要求也高。

根据数据的组织形式，可以把 C 语言文件分为两类：文本文件和二进制文件。文本文件中的每个字节存放一个字符的 ASCII 码，因此又叫 ASCII 码文件或字符文件；二进制文件中的数据是按数据在内存中的形式存放的。二者的区别主要体现在对数值型数据的处理上。例如，要存储一个整数 1024，按二进制文件的格式存储，在文件中存放的是 1024 的二进制形式 10000000000，占 2 个字节的存储空间（一个整型数占 2 个字节）；而以文本文件的格式存储，则在文件中保存的是'1'、'0'、'2'、'4'四个字符的 ASCII 码值，占用 4 个字节，如图 11.1 所示。

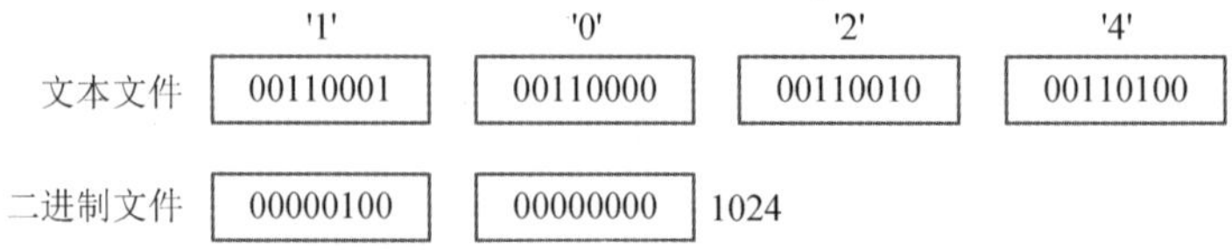

图 11.1　整数 1024 的两种存储格式

当从文本文件中读入数据时，系统首先将读入的一串字符转换成输入格式符规定的类型，然后存入内存。当从二进制文件中读入数据时，不必经过任何转换，而直接将读入的数据存入变量所占的内存空间。显然，用二进制文件既节省空间，又能提高读写效率。

一般来说，如果存入磁盘中的数据只是暂存的中间结果数据，以后还要调入继续处理，一般用二进制文件以节省时间和空间。如果输出的数据是准备作为文档供人们阅读的，一般用文本文件，它们通过显示器或打印机转换成字符输出，比较直观。

特别提示：按以上两种方式中的某一种方式存储的文件，使用时必须以同一种方式从外存上读出，才能保证数据的正确性。

2. 缓冲文件系统

所谓缓冲文件系统是指系统自动地为每个正在使用的文件开辟一个缓冲区，从内存向外存写数据或外存从内存取数据都通过这个缓冲区。为什么要用“缓冲区”呢？由于 CPU 与内存（即主机）的工作速度非常快，而外存（磁盘、光盘等）的存取速度很慢，当访问外存时，主机必须等待慢速的外存操作完成后才能继续工作，严重影响了 CPU 的效率。解决二者速度不匹配的方法是采用“缓冲区”技术。“缓冲区”是系统自动地为每个正在使用的文件开辟的一片存储区。

缓冲区的作用：当需要向外存文件中写入数据时，并不是每次都将数据直接写入外存，而是先写入缓冲区，只有当缓冲区的数据存满或文件关闭时，才自动将缓冲区的数据一次性写入外存；读数时，也是一次将一个数据块读入缓冲区中，以后读取数据时，若数据已在缓冲区中则直接从缓冲区中读取，若缓冲区中没有要读取的数据，再到外存中将数据所在的数据块一次读入缓冲区。具体读写过程如图 11.2 所示。因为在大部分情况下，所读的数据是连续的，所以利用缓冲区有效地减少了访问外存的次数。

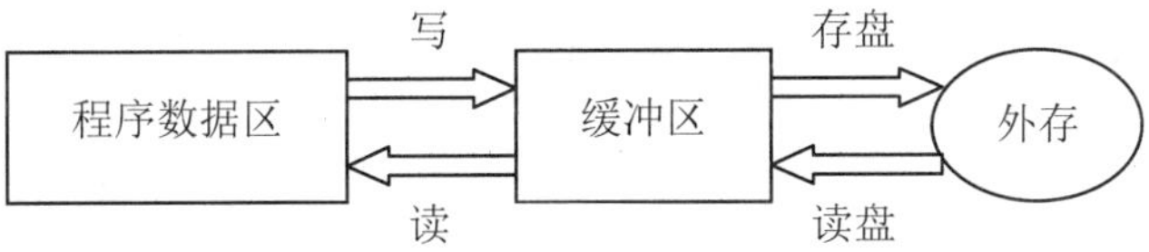

图 11.2 缓冲技术示意图

C 语言没有专门的输入输出语句，所有的输入输出操作（包括文件的读写）都是通过函数来完成的。输入输出函数的信息包含在头文件 stdio.h 中，因此，在使用输入输出函数时，首先要在程序的开头包含头文件 stdio.h。

3. 文件类型指针

使用缓冲文件系统时，系统将自动为每一个打开的文件建立缓冲区，此后，程序对文件的读写操作实际上是对文件缓冲区的操作。

为了便于编程，C 语言中将有关文件缓冲区的一些信息（如缓冲区对应的文件名、文件所允许的操作方式、缓冲区的大小以及当前读/写位置等）用一种结构体类型来描述，类型名为 FILE，即文件类型。该结构体类型的定义包含在 stdio.h 文件中。关于 FILE 类型的定义可参见联机帮助。

有了 FILE 类型后，每当打开一个文件时，系统自动为该文件建立一个 FILE 类型的结构体数据，将关于被打开文件及缓冲区的各种信息都存入到这个 FILE 型数据中，以后对文件的操作都可通过这个 FILE 类型的结构体数据进行。

对于编程者来说，只需要定义一个 FILE 类型的指针变量，并让该指针指向已打开的文件，以后就可以通过该指针来访问文件了。

文件类型指针的定义方法如下：

```
FILE   *fp;
```

其中，fp 是一个指向 FILE 类型数据的指针变量，简称“文件指针”。fp 未赋值以前，该指针没有指向任何文件。通常的用法如下：

```
fp=fopen(文件名,文件使用方式);
```

该操作的含义是打开文件并将文件指针赋给 fp，从此，fp 就指向文件名指定的文件，通过 fp 可访问该文件。

有了文件类型的指针，我们就可以调用文件操作函数访问文件了。调用函数时，首先要了解各函数的功能、函数的参数及含义、函数的常见用法等。下面我们就分别介绍文件的基本操作函数的函数原型、功能、调用方式、适合解决什么问题，从而学会根据实际问题的不同选用不同的函数。

11.2　文件的打开与关闭

C 语言规定：文件必须先打开，后使用。打开文件时，系统为该文件建立缓冲区，并将文件和缓冲区的信息写入 FILE 类型数据中，返回该文件的指针。

文件使用完后必须将其关闭。因为关闭文件时，系统将缓冲区中的数据进行相应处理（如写文件时，将缓冲区中的数据写入文件，避免数据丢失）；然后释放缓冲区，文件指针不再指向该文件。

打开文件用 fopen()函数，关闭文件用 fclose()函数，它们的说明及使用方法如下所述。

1．fopen()函数

函数原型：

```
FILE fopen(char *filename, char *mode)
```

功能：按字符串 mode 指定的方式打开字符串 filename 指定的文件。

返回值：如果打开文件成功，返回指向该文件的指针，否则，返回空指针（NULL）。

常见调用方式：

```
fp=fopen(文件名，文件使用方式);        //设已定义：FILE   *fp;
```

例如，下述语句的含义是按文本文件写方式打开文件 ff.txt，并将文件指针赋给 fp，使得 fp 指向文件 ff.txt。

```
fp=fopen("ff.txt", "w");
```

关于文件使用方式的说明见表 11.1。

表 11.1　文件的使用方式说明

文件使用方式	含　　义
"r"	以只读方式打开文本文件
"w"	以只写方式打开文本文件，若该文件存在，则删除重建，否则将创建该文件
"a"	以添加方式打开文本文件，若文件不存在，则创建该文件

续表

文件使用方式	含　　义
"rb"	以只读方式打开二进制文件
"wb"	以只写方式打开二进制文件，若该文件存在，则删除重建，否则将创建该文件
"ab"	以添加方式打开二进制文件，若该文件不存在，则创建该文件
"w+"	以读写方式打开文本文件，若该文件存在，则删除重建，否则将创建该文件
"r+"	以读写方式打开文本文件
"wb+"	以读写方式打开二进制文件，若该文件存在，则删除重建，否则将创建该文件
"rb+"	以读写方式打开二进制文件，该文件必须存在，否则将出错
"ab+"	以读写方式打开二进制文件，写操作以添加的方式进行。若文件不存在，则创建之

2. fclose()函数

函数原型：

```
int fclose(FILE   *fp)
```

功能：关闭 fp 指向的文件，将缓冲区数据进行相应处理后释放缓冲区。

返回值：若成功关闭，则返回值 0；否则，返回非 0 值。

调用方式：

```
fclose(fp);
```

特别提示：编程时，可以同时打开多个文件，但一个文件只能对应一个文件指针。文件打开后，应检查此操作是否成功，即判断文件指针是否为空（NULL），然后才能决定能否对文件继续访问。

通常将打开与检查操作合为一个语句，如例 11.1 中的打开文件与检查是否成功可写为下述语句。

```
if((fp=fopen("data.txt","w"))== NULL)
   { printf("\n open file error"); exit(0);}
```

11.3 文件的读写

文件打开之后，就可以对文件进行读写操作了。使用 fopen 函数时的 mode 参数决定了当前可对文件采取什么操作（读、写等）。常用的读写函数有字符读写函数 fgetc()和 fputc()、字符串读写函数 fgets()和 fputs()、数据块读写函数 fread()和 fwrite()、格式读写函数 fscanf()和 fprintf()等。本节着重介绍字符读写函数和数据块读写函数，它们基本能满足编程需要。读者可查阅联机帮助了解其他的读写函数。

特别提示：文件读写都是对文件的当前位置进行的。所谓“当前位置”是指文件的数据读写指针（也叫位置指针）指示的位置。文件打开时，该指针一般指向文件的开头（添加方式例外，添加方式指针指向文件尾）；一次读写完成后，该指针自动后移（移至本次读写数据的下一个字节）。编程实现读写操作时，程序员应明确当前位置在何处。

下面分别举例介绍读写函数及其应用。

1. 字符读写函数

读函数原型：

```
int fgetc(FILE   *fp)
```

功能：从 fp 指向的文件的当前位置读取一个字节，返回值为该字节数据转换成的整数；如果读到文件尾，则返回 EOF（-1）。

常见调用格式：

```
ch=fgetc(fp);
```

写函数原型：

```
int fputc(char ch , FILE *fp)
```

功能：将字符 ch 写入 fp 指向的文件的当前位置。

一般调用格式：

```
fputc(ch , fp);
```

字符读写函数的应用特点：特别适合字符数据的读写。

例 11.2 输入一段字符（以'#'结束），将其以文件名“aa.dat”存于 D 盘上。

案例分析：首先打开文件，然后重复“从键盘读取一个字符并写入文件”，最后关闭文件。打开文件时，应明确：文件名（含路径）、文件的使用方式、指向该文件的指针。对于字符数据，用文本文件方式与用二进制文件方式存储形式相同，本例中选用了文本文件写方式。

源程序：

```
#include <stdio.h>
#include <stdlib.h>
int main()
{   FILE *fp; char ch;
    if((fp=fopen("d:\\aa.dat", "w"))== NULL)
        {printf("\n open file error.");   exit(0);}
    while((ch=getchar())!='#' )            /*从键盘读取一个字符并与'#'比较*/
        fputc(ch , fp);
    fclose(fp);
    return 0;
}
```

文件“aa.dat”是文本文件，可以使用记事本软件打开查看其内容。

例 11.3 编程读出 ASCII 文件“aa.dat”中的内容并将其显示到屏幕上。

案例分析：读取数据的步骤是先打开文件，然后读取数据，最后关闭文件。其中，打开文件时用文本文件读方式，读取数据过程以“读到文件尾”为结束条件。

源程序：

```
#include <stdio.h>
#include <stdlib.h>
int main()
{   FILE *fp; char ch;
    if((fp=fopen("d:\\aa.dat","r"))== NULL)
        {printf("\n open file error.");   exit(0);}
    while(1)
        {    ch=fgetc(fp);                  /*读取一个字符*/
```

```
            if(feof(fp)) break;                /*若读到了文件末尾，则结束循环*/
            putchar(ch);                       /*处理读取的字符*/
        }
    if(fclose(fp)) { printf("\n file close error.");    exit(0); }
    return 0;
}
```

例 11.3 的程序中，用 feof(fp)函数检测文件是否结束，若是，则返回非 0 值，否则返回 0。

特别提示：函数 feof()通常用作读数据的结束条件。读文件时，应时刻检测当前读取位置是否已经到了文件的末尾，只有文件尾之前的数据才是有效数据。对于文本文件，也可以用条件"ch==EOF"来结束读操作。

字符读写函数还有 getc(fp)和 putc(ch, fp)，它们与 fgetc(fp)和 fputc(ch, fp)的参数、功能完全一样，使用方法也相同。

2. 数据块读写函数

数据块读函数原型：

```
int fread(void *buf, int size, int count , FILE *fp)
```

功能：从 fp 指向的文件连续读出 count 个大小为 size 字节的数据块，存放在以 buf 为起始地址的内存中。

函数返回值：若成功读出，则返回读出数据块的个数；否则，返回值小于 count，说明出错。

数据块写函数原型：

```
int fwrite(void *buf, int size, int count , FILE *fp)
```

功能：将内存中从 buf 地址开始的 count 个大小为 size 字节的数据块写入 fp 指向的文件中。

返回值：正常写入数据后返回值等于 count。若返回的数小于 count，则表明出错。

应用特点：当以二进制方式打开时，适用于任何类型的数据读写，特别适合复杂的数据类型，如数组、浮点数、结构体数据等。

例 11.4 建立一个学生成绩文件，包含 30 名学生的学号、姓名、三门课成绩。其中文件名由用户输入（比如，输入文件名 score.dat），保存在当前文件夹中。

案例分析：先定义数据结构，后设计算法。

数据结构：每个学生的成绩有 3 项，可用一维数组 score[3]保存；每个学生的信息有 3 项，而且类型不相同，可定义一结构体类型 sc_list 来描述，该类型包括 3 个成员，学号、姓名、成绩；30 人的信息可用结构体数组 stu 保存。

算法如下：

（1）输入 30 个学生的信息，可用循环结构实现。

（2）输入文件名，以二进制写文件方式打开该文件。

（3）将数组中的学生信息写入文件，可以一次写入 30 个结构体数据，也可以用循环结构，每次写入一个结构体数据。

（4）关闭文件。

源程序：

```
#define N 3
#include <stdio.h>
#include <stdlib.h>
struct sc_list                  /*定义结构体类型*/
```

```
{   char no[8];
    char name[10];
    float score[3];
};
int main()
{   struct sc_list stu[N];
    FILE   *fp;
    int i, j;   char filename[10];
    printf("\n input information of %d students\n", N);
    for(i=0;i<N;i++)
    {printf("no:");    gets(stu[i].no);
     printf("nmae:");gets(stu[i].name);
     printf("score:");
     for(j=0;j<3;j++)
        scanf("%d",&stu[i].score[j]);
        getchar();                                  /*用于读取多余的回车符*/
    }
    printf("input file name for save:");
    gets(filename);
    if((fp=fopen(filename,"wb"))== NULL)
      {printf("\n open file error."); exit(0);}
    for(i=0;i<N;i++)
      fwrite(&stu[i],sizeof(struct sc_list),1,fp);       /*调用一次写入一个结构体数据*/
    fclose(fp);
    return 0;
}
```

上述程序中，将 N 的值设为 3，便于调试，调试成功后改为 30 即可。

运行结果：

```
input information of 3 students
no:0101
nmae:wang lin
3 scores:90   89   78
no:0102
nmae:du ming
3 scores:76   89   87
no:0104
nmae:yang li
3 scores:76   78   82
input file name for save: score.dat
```

在例 11.4 的程序中，一个结构体数据作为一个数据块，数据块的大小用 sizeof(struct sc_list) 函数测试得到，该函数测试本机上一个 struct sc_list 型数据所占的字节数。如将一个实型数据 x 写入 fp 指向的文件，可用如下语句。

```
fwrite(&x, sizeof(float), 1, fp);
```

例 11.5 读出例 11.4 中的文件（score.dat）中的数据并列表（学号、姓名、成绩 1、成绩 2、成绩 3）显示。

案例分析：先定义数据结构，再设计算法。其中数据结构同上。

算法如下：

（1）输入文件名，以二进制读方式打开文件（因为原文件是二进制文件）。

（2）从打开的文件读出 30 个学生的信息：可以用循环实现，每次读出一个数据块存入一个数组元素；也可以一次读出 30 个数据块，存入结构体数组。

（3）输出每个学生的信息，用循环结构实现。

（4）关闭文件。

源程序：

```
#define N 3
#include <stdio.h>
#include <stdlib.h>
struct sc_list
{char no[8];   char name[10];   int score[3];};
int main()
{   struct sc_list stu[N];
    FILE   *fp;
    int i,j;   char filename[10];
    printf("\n input file name for open: ");
    gets(filename);
    if((fp=fopen(filename,"rb"))== NULL)
       {printf("\n open file error."); exit(0);}
    if(fread(stu , sizeof(struct sc_list) , N , fp)!=N)    /*读取 N 个结构体数据存入数组 stu*/
       { printf("\n read file error."); exit(0);}
    printf("%8s %10s %6s %6s %6s","no","name","score1","score2","score3");
    for(i=0;i<N;i++)
    {   printf("\n%8s %10s    ",stu[i].no,stu[i].name);
        for(j=0;j<3;j++)    printf("%6d ",stu[i].score[j]);
    }
    fclose(fp);
    return 0;
}
```

运行结果：

```
input file name for open: score.dat
  no          name       score1   score2   score3
 0101     wang lin       90       89       78
 0102     du ming        76       89       87
 0104     yang li        76       78       82
```

请读者练习：编程时，如果事先不能确定数据个数，可以使用链表存放读出的数据，或者根据估计定义一个足够大的数组，读数据时用 feof()作为结束条件。

3. 格式读写函数

fprintf()和 fscanf()函数根据写入和读取时所规定的数据格式来存取数据。其作用与 printf 函数、scanf 函数类似，只有一点不同，fprintf 和 fscanf 函数的读写对象不是标准的终端设备而是指定的文件。其一般格式如下：

```
fprintf(文件指针，格式字符串，输出表列)
fscanf(文件指针，格式字符串，地址表列)
```

应用特点：理论上可用于任意数据的读写，但实际上由于 fscanf()读数据时对格式的要求很严格，因此当读写数据包含数值型和字符型时，很容易出错。所以该函数特别适合读写整型、实型等数值数据文件。

例 11.6 用文本编辑软件输入一批实验数据，数据间用空格或回车分开，校正无误后存入文件 aa.dat，以后需要时可直接从该文件读出数据并处理。编程从该文件读出数据并列表输出（每行 8 个数）。

案例分析：变量 data 用来存放每次读入的一个数据，变量 n 用来记录已读入的数据的个数，fp 指向数据文件。

用文本文件读方式打开文件（因为原数据文件是文本文件）；读入数据时，格式控制串用“%f”，不能含非控制字符（因为控制串不含非控制字符时，数据以空格或回车作为间隔符）。因为事先不能确定数据的个数，所以读数时用 feof()作为结束条件。

源程序：

```
#include <stdio.h>
#include <stdlib.h>
int main()
{   float data;    int n=0;
    FILE  *fp;
    if((fp=fopen("aa.dat","r"))== NULL)      /*打开文件*/
     {printf("\n open file error."); exit(0);}
    printf("\n output data list:\n");
    while(!feof(fp))
    {fscanf(fp, "%f", &data);
     n++;
     printf("%10.3f",data);
     if(n%8==0) printf("\n");
    }
    fclose(fp);
    return 0;
}
```

说明：例 11.6 中的数据文件使用文本编辑软件（如记事本等）输入，便于对数据进行修改和检查，也可以读出例 11.1 中创建的文件中的数据。

思考：如果用二进制方式打开文件，结果会出错。为什么？请读者自己上机试试。

4. 字符串读写函数

（1）fgets 函数用来读入一个字符串，格式如下：

```
fgets(str, n, fp);
```

该函数表示从 fp 指向的文件读取 n-1 个字符，并把它放到字符数组 str 中。如果在读入 n-1 个字符完成之前遇到换行符'\n'或文件结束符 EOF，将结束读入（将换行符也作为一个字符送入 str 数组）。每次读入字符串后自动加一个'\0'。fgets 函数的返回值为 str 数组的首地址。如读到文件尾或出错则返回 NULL。

（2）fputs 函数用来输出一个字符串，格式如下：

```
fputs(str, fp);
```

该函数表示把字符数组 str 中的字符串（或字符指针指向的串，或字符串常量）输出到 fp 所指向的文件。但字符串结束符'\0'不输出，也不自动加回车符'\n'。输出成功函数值为 0，否则为非 0。

例 11.7 从键盘输入若干行字符，把它们输出到磁盘文件上保存。

源程序：

```
#include <stdio.h>
#include <string.h>
#include <stdlib.h>
int main()
{   FILE *fp;
    char string[81];
    if((fp=fopen("d:\\file2.txt","w"))== NULL)          /*d:\\表示 d 盘根目录，file2.txt 是文件名*/
      {   printf("can't open file");    exit(0); }
    while(strlen(gets(string))>0)                       /*读取一个字符串存入 string，直到输入一个
                                                          空串（只按回车键）为止*/
     {   fputs(string, fp);                             /*将 string 中的字符串写入文件*/
         fputc('\n', fp);    }                          /*在字符串的末尾写入一个回车符*/
    fclose(fp);
    return 0;
}
```

运行上述程序时，每次输入一行字符，然后按“回车”键，这个字符串被送到 string 字符数组，用 fputs 函数把此字符串送到 file2.txt 文件中。由于 fputs 函数不输出'\0'，也不将'\0'转换成'\n'，所以必须单独用一个 fputc 函数输出一个'\n'，以便以后从文件中读取数据能区分开各个字符串。

输入完所有的字符串之后，在最后一行开始就输入一个“回车”键，此时字符串长度为 0，循环结束，关闭文件，终止程序。

例 11.8 从例 11.7 中产生的磁盘文件中读出字符串，并在屏幕上显示出来。

源程序：

```
#include <stdio.h>
#include <stdlib.h>
int main()
{   FILE *fp;
    char string[81];
    if((fp=fopen("file2.txt","r"))== NULL)
    {   printf("can't open file"); exit(0);   }
    while(fgets(string,81,fp)!=NULL)
       puts(string);
    fclose(fp);
    return 0;
}
```

本例中，fgets()函数如返回 NULL 表示已到文件尾或出错。只要未遇到文件尾，则每次读入一行字符并用 puts()函数向终端输出。

11.4　文件的定位

文件的读写都是对数据读写指针（又称位置指针）指向的当前位置的读写。在前面的相关例题中，都是对文件进行顺序读写。每次文件打开时，位置指针指向文件的第一个字符（添加方式例外），只能从文件头开始逐个数据向后读写。而实际应用中，经常需要随机读写，即直接读取文件中指定位置的数据，如直接读取第 10 个数据，或读到文件末尾后又要从文件头开始读等，这就需要移动位置指针。

所谓“文件的定位”，就是将位置指针移到指定的位置，实现该功能可调用 rewind()、fseek()等有关文件定位的函数。

常用的文件定位函数如下所述。

1. rewind()函数

一般调用格式：

```
rewind(文件指针);
```

功能：使文件的位置指针移至文件的开头。

2. feek()函数

一般调用格式：

```
fseek(文件指针,位移量,起始点);
```

功能：使文件的位置指针以“起始点”为基点，向前移动“位移量”指定的字节数。参数“位移量”为长整型（long），起始点的取值有 3 个：SEEK_SET 或数字 0 表示文件头；SEEK_CUR 或数字 1 表示文件当前位置；SEEK_END 或数字 2 表示文件末尾。例如，语句“fseek(fp, 20L, 0);”表示将位置指针移到距离文件头 20 个字节的位置；语句“fseek(fp,-10L,2);”表示将位置指针移到距文件尾 10 个字节的位置。【负数（-10）表示向文件头的方向移动，正数表示向文件为的方向移动。】

3. ftell()函数

一般调用格式：

```
ftell(文件指针);
```

功能：用于检测文件的当前位置（相对于文件开头的字节数），返回值为-1L 时表示出错。

例 11.9　编程实现：输入 6 本教材的信息（书名、价格、出版社），输出第 1、3、5 本书的信息。

案例分析：定义结构体类型 struct book 来描述教材的信息，struct book 型变量 x 存放一本书的信息。使用"wb+"方式打开文件，循环输入每一本书的信息并写入文件 book.dat；写完后，文件位置指针指向文件尾，使用 rewind 函数使指针指向文件开头，然后循环使用 fseek 函数使位置指针定位到指定的位置、读出一本书的信息并输出，最后关闭文件。

源程序：

```
#include <stdlib.h>
#include <stdio.h>
struct book
{   char name[30];
    float price;
```

```
    char publisher[20];
};
int main()
{   struct book    x;
    FILE *fp; int i;
    if((fp=fopen("book.dat","wb+"))== NULL)                    /*以二进制读写方式打开文件*/
    {   printf("\n open file error,");exit(0);}
        for(i=1;i<=6;i++)
        {   printf("\n book%d:", i);
            printf("\nname:"); gets(x.name);
            printf("price:");   scanf("%f",&x.price); getchar();   /*getchar()：读取多余的回车符*/
            printf("publisher:"); gets(x.publisher);
            fwrite(&x,sizeof(struct book),1,fp);                   /*将一本书的信息写入文件*/
        }
    rewind(fp);             /*将文件位置指针移至文件头*/
    for(i=1;i<=6;i+=2)      /*循环变量 i 增值为 2，从而表示第 1、3、5 本书*/
    { fseek(fp,(i -1)*sizeof(struct book), SEEK_SET );          /*移到第 i 个结构体数据处*/
      fread(&x , sizeof(struct book), 1, fp);                  /*读出一本书的信息*/
      printf("\n %-10s %6.1f %-20s",x.name,x.price,x.publisher);
    }
    fclose(fp);
    return 0;
}
```

在本例中，关于第 i 个数据的位置的确定，是用函数“fseek(fp,(i-1)*sizeof(struct book), SEEK_SET);”实现的。例如，当要读取第 3（i=3）个数据时，需要将位置指针从文件头移动 2 个数据的长度，即(3-1)*sizeof(struct book)。

思考：如何巧用 fseek()函数和 ftell()函数获取文件的长度（字节数）？

本章小结

本章的内容非常重要，因为几乎所有的实用程序中都要用到文件。由于篇幅所限，本章主要介绍以下几点：

1．C 语言中的文件是一“数据流”，文件结构为“流式文件结构”，采用缓冲文件系统，通过文件类型的指针访问文件。

2．文件使用时必须先打开、后使用。

3．常用读写文件的函数：字符读写函数 fgetc 和 fputc，数据块读写函数 fwrite 和 fread，格式读写函数 fscanf 和 fprintf，字符串读写函数 fgets 和 fputs。其中字符读写函数和字符串读写函数适合对 ASCII 码文件的存取；数据块读写函数适合任何数据的存取，特别是结构体数据，因此也是最常用的文件读写函数；格式读写函数原则上适合任何类型数据的存取，但使用时要特别注意格式控制串的设置，较适合数值类型数据的存取，因此用得较少。

4．实现随机读写文件的方法是使用文件定位函数 rewind、fseek 及 ftell，它们使位置指针移到指定位置。

5．使用文件操作函数时，要及时根据函数的返回值检测操作是否成功，避免程序在文件操作出错的情况下进行后续的无效处理。

习 题 11

一、选择题。

1．关于文件操作的描述（　　）是正确的。

A．对文件读写必须先打开文件，使用完后要关闭文件

B．对文件读写必须先关闭文件

C．对文件读写打开和关闭的顺序无关紧要

D．对文件操作中，打开和关闭的顺序要看是读还是写操作

2．以读写方式打开一个已有的文本文件 file1，（　　）是 fopen()函数正确的调用方式。

A．FILE *fp=fopen("file1", "r+");　　　　B．FILE *fp=fopen("file1"; "f")

C．FILE *fp; fp=fopen("file1", "rb")　　　D．FILE *fp; fp=fopen("file1", "rb+")

3．在进行文件操作时，读文件的含义是（　　）。

A．将磁盘中的文件信息存入计算机的 CPU

B．将磁盘中的文件信息存入计算机的内存

C．将磁盘中的文件信息显示在屏幕上

D．将计算机内存中的信息存入磁盘文件

4．若 fp 是指向某文件的指针，且已读到此文件末尾，则库函数 feof()的返回值是（　　）。

A．EOF　　　B．0　　　C．非零值　　　D．NULL

二、程序设计题。

1．编程实现：从键盘输入一篇英文文章，将其中的小写字符转换成大写字母，然后将该文章存盘，文件名为“english.txt”，输入时以#结束。

2．编程完成下述功能。

（1）建立一个通信录文件 address.txt，内容包括姓名、性别、年龄、职务、单位、电话、E-mail 地址。

（2）读出通信录中的信息，按年龄由大到小排序，排序后的信息显示并另存入一个文件 address2.txt。

（3）从 address.txt 文件中将姓名、电话两项信息读出来，建立一电话号码表文件 tel.txt 并在屏幕上显示该文件的内容。

（4）根据姓名，从 address.txt 文件中删除某个人的信息。

附录 A　ASCII 码表

高位 低位	0	1	2	3	4	5	6	7
0	NUL	DLE	SP	0	@	P	'	p
1	SOH	DC1	!	1	A	Q	a	q
2	STX	DC2	"	2	B	R	b	r
3	ETX	DC3	#	3	C	S	c	s
4	EOT	DC4	$	4	D	T	d	t
5	END	NAK	%	5	E	U	e	u
6	ACK	SYN	&	6	F	V	f	v
7	BEL	ETB	,	7	G	W	g	w
8	BS	CAN	(	8	H	X	h	x
9	HT	EM	)	9	I	Y	i	y
A	LF	SUB	*	:	J	Z	j	z
B	VT	ESC	+	;	K	[	k	{
C	FF	FS	,	<	L	\	l	|
D	CR	GS	-	=	M	]	m	}
E	SO	RS	·	>	N	^	n	~
F	SI	US	/	?	O	__	o	DEL

注　表中 ASCII 值的高位和低位数字均采用十六进制，如大写字母'A'的 ASCII 码的高位是 4，低位是 1，因此该字母的 ASCII 值是十六进制数 41，相当于十进制数 65。

附录 B　C 语言的关键字

auto	break	case	char	const	continue
default	do	double	else	enum	extern
float	for	goto	if	int	long
register	return	short	signed	sizeof	static
struct	switch	typedef	union	unsigned	void
volatile	while				

附录 C　C 语言的运算符及其结合性

<table>
<tr><th>优先级</th><th>运算符</th><th>含　义</th><th>操作数</th><th>结合方向</th></tr>
<tr><td>1</td><td>( )
[ ]
->
.</td><td>圆括号
下标运算符
指向结构体成员运算符
结构体成员运算符</td><td></td><td>自左至右</td></tr>
<tr><td>2</td><td>!
~
++
--
-
(类型)
*
&
sizeof</td><td>逻辑非运算符
按位取反运算符
自增运算符
自减运算符
负号运算符
类型转换运算符
指针运算符
地址运算符
测长度运算符</td><td>1</td><td>自右至左</td></tr>
<tr><td>3</td><td>*
/
%</td><td>乘法运算符
除法运算符
求余运算符</td><td>2</td><td>自左至右</td></tr>
<tr><td>4</td><td>+
-</td><td>加法运算符
减法运算符</td><td>2</td><td>自左至右</td></tr>
<tr><td>5</td><td><<
>></td><td>左移运算符
右移运算符</td><td>2</td><td>自左至右</td></tr>
<tr><td>6</td><td><、<=
>、>=</td><td>关系运算符（小于、小于等于、大于、大于等于）</td><td>2</td><td>自左至右</td></tr>
<tr><td>7</td><td>==、!=</td><td>关系运算符（等于、不等于）</td><td>2</td><td>自左至右</td></tr>
<tr><td>8</td><td>&</td><td>按位与运算符</td><td>2</td><td>自左至右</td></tr>
<tr><td>9</td><td>^</td><td>按位异或运算符</td><td>2</td><td>自左至右</td></tr>
<tr><td>10</td><td>|</td><td>按位或运算符</td><td>2</td><td>自左至右</td></tr>
<tr><td>11</td><td>&&</td><td>逻辑与运算符</td><td>2</td><td>自左至右</td></tr>
<tr><td>12</td><td>||</td><td>逻辑或运算符</td><td>2</td><td>自左至右</td></tr>
<tr><td>13</td><td>?:</td><td>条件运算符</td><td>3</td><td>自右至左</td></tr>
<tr><td>14</td><td>=
+=、-=、
*=、/=、%=、
>>=、<<=、&=、
^=、|=</td><td>赋值运算符
复合赋值运算符</td><td>2</td><td>自右至左</td></tr>
<tr><td>15</td><td>,</td><td>逗号运算符</td><td></td><td>自左至右</td></tr>
</table>

注　操作数中的数字表示要求运算对象的个数。

附录 D　C 语言的常用库函数

C 语言的编译系统提供了丰富的库函数，本附录从教学的角度只列出最常用的一些库函数，读者编程时可根据需要上网搜索其他的库函数。

1. 输入输出函数

在程序中使用输入输出函数时，应在源程序中使用包含命令#include <stdio.h>或#include "stdio.h"，将输入输出函数所在的头文件包含进源程序文件中。

函数名	函数原型	功能	返回值
clearerr	void clearerr(FILE *fp)	清除 fp 指向的文件的出错标志	无
fclose	int fclose(FILE *fp)	关闭 fp 指向的文件	关闭成功返回 0，不成功返回非 0 值
feof	int feof(FILE *fp)	检查文件是否结束	遇文件结束符返回非 0 值，否则返回 0
fgetc	int fgetc(FILE *fp)	从 fp 指向的文件中读取一个字符	读取成功则返回所得到的字符，否则返回 EOF
fgets	char *fgets(char *buf, int n ,FILE *fp)	从 fp 指向的文件中读取一个长度为(n-1)的字符串，存入首地址为 buf 的字符数组	读取成功则返回首地址 buf，若遇文件结束或出错，返回 NULL
fopen	FILE *fopen(char *filename, char *mode)	以 mode 指定的方式打开名为 filename 的文件	成功则返回该文件的文件指针，否则返回空指针 NULL
fprintf	int fprintf(FILE *fp, char *format ,args,…)	把一组 args 的值以 format 指定的格式写入到 fp 所指的文件中	成功则返回实际写入的字符个数，否则返回一个负数
fputc	int fputc(char ch, FILE *fp)	将字符 ch 写入 fp 所指的文件中	成功则返回该字符，否则返回 EOF
fputs	int fputs(char *str, FILE *fp)	将 str 指向的字符串输出到 fp 所指的文件中	成功则返回 0，否则返回非 0
fread	int fread(char *buf, unsigned size, unsigned n, FILE *fp)	从 fp 所指的文件中读取长度为 size 的 n 个数据块，写入到以 buf 为首地址的内存区	成功则返回所读的数据块的个数，否则返回 0
fscanf	int fscanf(FILE *fp, char *format, args,…)	从 fp 指向的文件以 format 指定的格式读取数据送到 args 所指的内存单元	返回实际读取的数据个数，否则返回 EOF
fseek	int fseek(FILE *fp, long offset, int base)	将 fp 所指的文件的位置指针移到以 base 所指的位置为基准、以 offset 为偏移量的位置	成功则返回当前位置，否则返回-1
ftell	long ftell(FILE *fp)	返回 fp 所指的文件中的位置指针的值	返回 fp 所指文件中的当前读写位置，出错返回-1L
fwrite	int fwrite(void *buf, int size, int count, FILE *fp)	将内存中以 buf 为起始地址的 count 个大小为 size 字节的数据块写入 fp 所指向的文件	写入 fp 所指的文件中的数据块的个数

续表

函数名	函数原型	功能	返回值
getc	int getc(FILE *fp)	从 fp 指向的文件中读取一个字符	返回所读取的字符，若遇文件结束或出错则返回 EOF
getchar	int getchar()	从标准输入设备读取一个字符	成功则返回所读的字符，否则返回-1
gets	int gets(char *str)	从标准输入设备读取一字符串，直至换行符或 EOF 标志	返回读取字符的个数，出错则返回-1
printf	int printf(char *format, args,...)	将输出表列 args 的值输出到标准输出设备	返回输出数据的个数，若出错返回负数
putc	int putc(char ch, FILE *fp)	把一个字符 ch 输出到 fp 所指的文件中	返回输出的字符，若出错返回 EOF
putchar	int putchar(char ch)	把字符 ch 输出到标准输出设备	返回输出的字符，若出错返回 EOF
puts	int puts(char *str)	把 str 指向的字符串输出到标准输出设备，并将'\0'转换成回车	返回换行符，若出错则返回 EOF
rewind	void rewind(FILE *fp)	将 fp 所指的文件的位置指针移至文件开头位置，并清除文件结束标志和错误标志	无
scanf	int scanf(char *format, args,...)	从标准输入设备按 format 格式字符串规定的格式，输入数据给 args 所指向的单元	返回正确读入数据的个数，若出错返回-1

2．动态存储分配函数

在程序中要使用动态存储分配的函数，需用 include 命令将函数所在的头文件“stdlib.h”包含进源程序文件中。

函数名	函数原型	功　能	返回值
calloc	void *calloc(unsigned n, unsigned size)	为 n 个大小为 size 个字节的数据分配连续的内存空间	成功则返回分配内存单元的起始地址，若不成功，则返回 0
free	void free(void *p)	释放 p 所指的内存区	无
malloc	void *malloc(unsigned size)	分配 size 字节的内存区	成功则返回指向所分配的内存区的指针，若不成功返回空指针
realloc	void *realloc (void *p, unsigned size)	将 p 指向的已分配的内存空间的大小改为 size 个字节	返回指向该内存区的指针

3．数学函数

在程序中要使用数学函数，应使用以下命令将数学函数所在的头文件“math.h”包含进源程序中，#include <math.h> 或 #include "math.h"。

函数名	函数原型	功　　能	返回值
acos	double acos(double x)	计算 $\cos^{-1}(x)$的值	计算结果
asin	double asin(double x)	计算 $\sin^{-1}(x)$的值	计算结果
atan	double atan(double x)	计算 $\tan^{-1}(x)$的值	计算结果
atan2	double atan2(double x, double y)	计算 $\tan^{-1}(x/y)$的值	计算结果
cos	double cos(double x)	计算 cos(x)的值	计算结果
cosh	double cosh(double x)	计算 x 的双曲余弦值	计算结果
exp	double exp(double x)	计算 e^x 的值	计算结果
fabs	double fabs(double x)	计算 x 的绝对值	计算结果
floor	double floor(double x)	求不大于 x 的最大整数	返回该整数的双精度实数
fmod	double fmod(double x, double y)	求整除 x/y 的余数	返回余数的双精度实数
log	double log(double x)	求 lnx	计算结果
log10	double log10(double x)	求 $\log_{10}x$	计算结果
pow	double pow(double x, double y)	求 x^y 的值	计算结果
sin	double sin(double x)	计算 sin(x)的值	计算结果
sinh	double sinh(double x)	计算 x 的双曲正弦值	计算结果
sqrt	double sqrt(double x)	计算 x 的开平方值	计算结果
tan	double tan(double x)	计算 tan(x)的值	计算结果
tanh	double tanh(double x)	计算 x 的双曲正切值	计算结果

4. 字符函数

使用字符函数时，源程序文件中要包含头文件“ctype.h”。

函数名	函数原型	功　　能	返回值
isalnun	int isalnum(char ch)	检查 ch 是字母或是数字	是，返回 1；否则返回 0
isalpha	int isalpha(char ch)	检查 ch 是否为字母	是，返回 1；否则返回 0
iscntrl	int iscntrl(char ch)	检查 ch 是否为控制字符	是，返回 1；否则返回 0
isdigit	int isdigit(char ch)	检查 ch 是否为数字	是，返回 1；否则返回 0
isgraph	int isgraph(char ch)	检查 ch 是否为可显示字符	是，返回 1；否则返回 0
islower	int islower(char ch)	检查 ch 是否为小写字母	是，返回 1；否则返回 0
isprint	int isprint(char ch)	检查 ch 是否为可打印字符	是，返回 1；否则返回 0
ispunct	int ispunct(char ch)	检查 ch 是否为标点符号	是，返回 1；否则返回 0
isspace	int isspace(char ch)	检查 ch 是否为空格	是，返回 1；否则返回 0
isupper	int isupper(char ch)	检查 ch 是否为大写字母	是，返回 1；否则返回 0
isxdigit	int isxdigit(char ch)	检查 ch 是否为十六进制数字	是，返回 1；否则返回 0
tolower	int tolower(int ch)	将 ch 转换成小写字母	返回转换后的小写字母
toupper	int toupper(int ch)	将 ch 转换成大写字母	返回转换后的大写字母

5. 字符串函数

使用字符串函数时，程序源文件中要包含头文件“string.h”。

函数名	函数原型	功　　能	返回值
strcat	char *strcat(char *str1, char *str2)	将字符串 str2 连接到字符串 str1 的后面，str1 末尾的'\0'被取消	str1
strchr	char *strchr(char *str, int ch)	查找 str 指向的字符串中第一次出现字符 ch 的位置	返回指向该位置的指针，若找不到，返回空指针
strcmp	int strcmp(char *str1, char *str2)	比较两个字符串 str1 和 str2 的大小	若 str1<str2，返回负数 若 str1=str2，返回 0 若 str1>str2，返回正数
strcpy	char *strcpy(char *str1, char *str2)	将字符串 str2 复制到字符串 str1 中	str1
strlen	unsigned strlen(char *str)	统计字符串 str 的长度（不包括结束符'\0'）	返回字符串中有效字符的个数
strstr	char *strstr(char *str1, char *str2)	查找字符串 str2 在字符串 str1 中第一次出现的位置	若找到，返回该位置的指针；否则返回空指针

附录 E　VC++ 6.0 集成环境的使用

1. VC++ 6.0 简介

Visual C++ 6.0 和 DEV-C++是当前常用的 C++集成开发环境。它们都将源程序的编写、编译、连接、调试、运行，以及程序文件的管理集于一体，也是目前常用的 C 语言编程环境。其中，VC++6.0 的使用更广泛一些。

2. 相关概念

工作区（Workspaces）。工作区用于管理一批相关程序，每个工作区可以包含一个或多个程序；反过来说，每个程序都必须包含在某个工作区中。例如，可以为每一章建立一个工作区，用于存放该章中的所有程序。

工程（Projects）。一个工程相当于一个能够独立运行的程序。也就是说，每当要编写一个新的程序，首先为该程序建立一个工程，并为其命名（即工程名或程序名）。

文件（Files）。文件是程序的组成部分，可以将一个功能模块或一批数据定义等分别用不同的文件保存。

一个完整的 C 程序应包括工作区、工程、源程序文件以及头文件等。

工作区、工程和文件之间的关系。

若要对一个 C 源程序进行调试（编译、连接和运行），必须将该 C 程序放在某个工作区中的某个工程中。

一个工作区可以包含多个工程；一个工程可以包含一个或多个 C 源文件和头文件；并且一个工程中有且仅有一个 main()函数，因为它是一个程序的运行入口。

使用工作区的目的是为了便于管理一组程序。例如，建立一个工作区（ch1），则可以将第一章中的所有程序放在该工作区中。

通过文件名后缀区分文件类型。在 VC++环境下创建的 C 源程序的文件后缀为“.cpp”，C 头文件的文件名后缀为“.h”，工程文件的文件名后缀为“.dsp”，工作区文件的后缀为“.dsw”（后缀名由系统根据文件的类型自动形成）。

3. 工作区的建立和使用

（1）工作区的建立。在 VC++ 6.0 环境下，执行 Files→New 命令，打开 New 对话框，如图 E.1 所示。

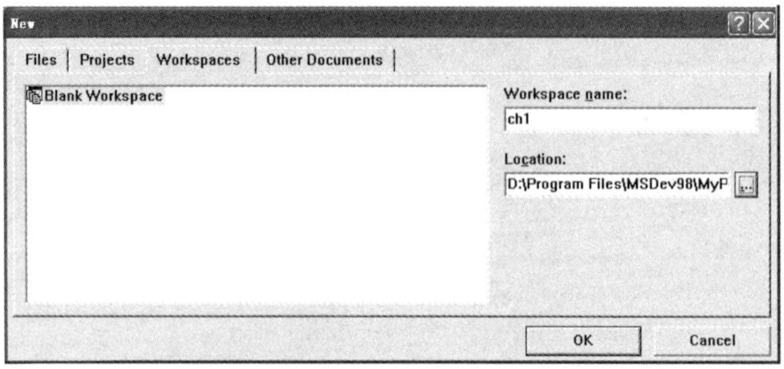

图 E.1　New 对话框——新建工作区

在 New 对话框中选择 Workspaces 标签，在 Workspaces 标签下选择“Blank Workspaces”，在“Workspace name”编辑框中输入工作区名称（如 ch1），单击 Location 编辑框右边的...按钮，则打开“Choose Directory”对话框，由用户为工作区 ch1 选择存放路径，如图 E.2 所示。假设用户选择了 D 盘下的 c_program 文件夹，回到图 E.1 对话框后，单击 OK 按钮完成操作。查看 D 盘的文件，可以看到新建的工作区文件夹 D:\c_program\ch1 以及工作区文件 ch1.dsw。

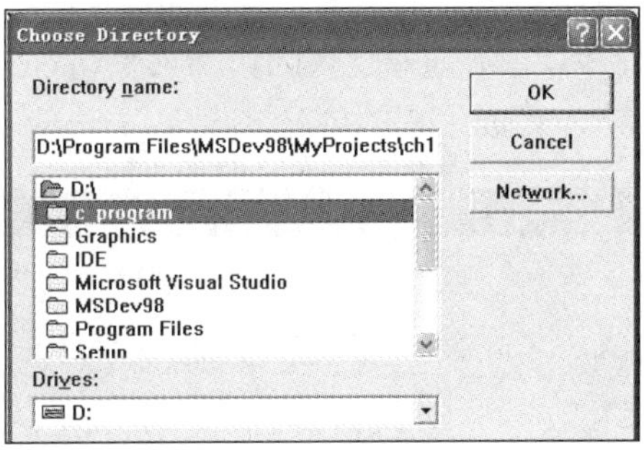

图 E.2　“Choose Directory”对话框

说明：当直接创建一个工程时，系统会创建一个默认的工作区，名称与工程名相同（对于初学者比较适用）。

（2）工作区的打开。若要对原有的程序（假如程序在工作区 ch1 中）进行编辑，可以按照以下方法之一打开程序所在的工作区。

方法一：找到 D:\c_program\ch1 文件夹中的工作区文件 ch1.dsw，双击它。

方法二：打开 VC++ 6.0，单击菜单项 File→Open Workspace，打开“Open Workspace”对话框，在查找范围下拉列表中找到文件夹 D:\c_program\ch1，选择其中后缀为 dsw 的工作区文件 ch1.dsw，单击“打开”按钮，即可打开工作区 ch1。

4. 工程的建立与使用

（1）新建工程。

1）选择 Files→New 命令；在弹出的 New 对话框中选择 Projects 标签；在 Projects 标签下选择程序类型为“Win32 Console Application”；在“Project name”编辑框中输入工程名称（比如 ch1_1），如图 E.3 所示。

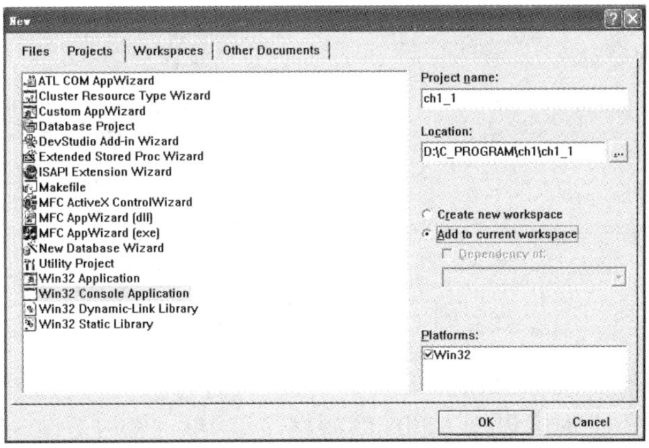

图 E.3　New 对话框——新建工程

2）确定程序的存放位置。若已打开工作区（比如 ch1），直接选中单选按钮“Add to current wordspace”即可，系统自动设置 Location 选项，如图 E.3 所示；若当前没有打开的工作区，则需要在 Location 编辑框中单击...按钮，为当前程序（工程）选择存放路径，然后选中单选按钮“Create new workspace”，此时，系统默认为当前工程建立一个与工程名同名的工作区（比如 ch1_1）。

3）单击图 E.3 中的 OK 按钮，进入如图 E.4 所示的选择应用程序类型对话框，等待用户选择要建立哪种类型的应用程序。通常选择默认的第一项“An empty project.”（一个空的工程，即空的程序），单击 Finish 按钮，完成工程的创建。

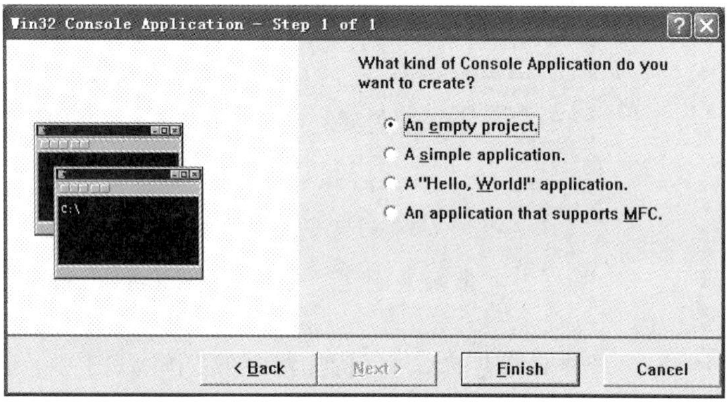

图 E.4　选择应用程序类型对话框

（2）在工程中添加新的源程序文件。选择主菜单 File→New 命令，进入新建文件对话框。选择 New 对话框中的 Files 标签，在其下拉菜单中选择“C++ Source File”项，在对话框的 Location 文本框中选择存放源程序的子目录，在 File 文本框中输入准备编辑的源程序文件的名字，比如 test，如图 E.5 所示。

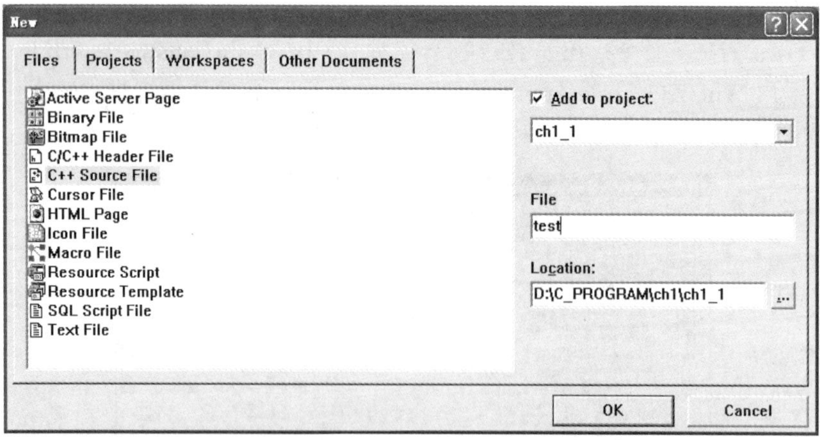

图 E.5　New 对话框——新建文件

单击图 E.6 中的 OK 按钮，则添加了源程序文件 test.cpp。进入 VC++ 6.0 的主窗口，光标在右边的编辑窗口闪烁，此时可以输入和编辑源程序了。单击左边工作区窗口中的 Source Files 文件夹，可以看到在该工程中新建的文件 test.cpp，如图 E.6 所示。

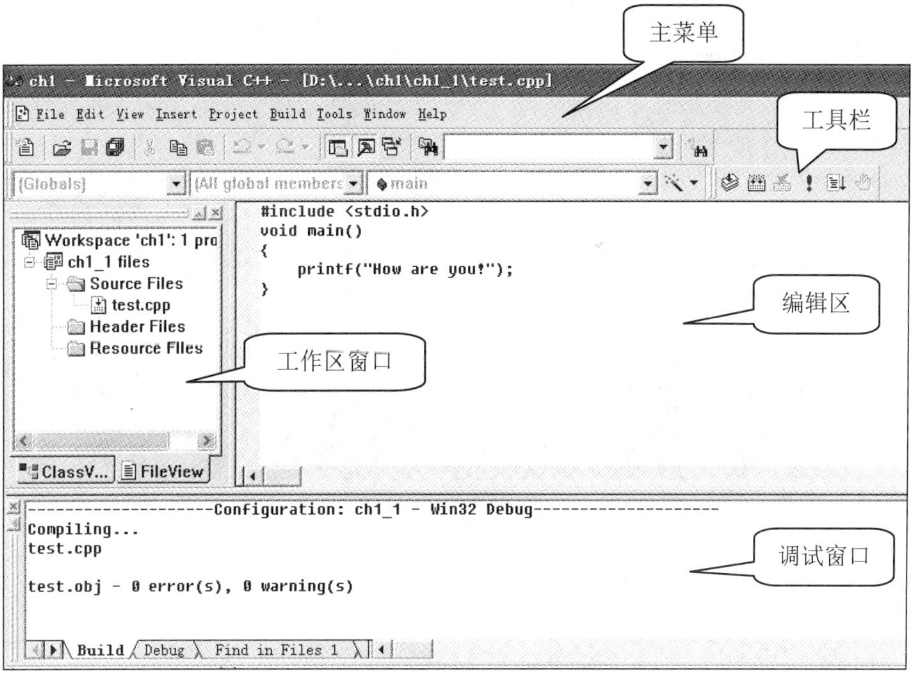

图 E.6　VC++ 6.0 主窗口

（3）将已经编辑好的的 C 源文件或头文件添加到指定的工程中，方法如下：选择主菜单中的 Project→Add to Project→Files 命令，选择要添加的 C 源文件/头文件，最后单击 OK 按钮完成添加。

（4）可以将已有的工程添加到指定的工作区中，方法如下：选择主菜单中的 Project→"Insert Project into Workspace"命令，选择相应的工程文件（后缀名为.dsp）即可。

（5）激活工程。在一个工作区中可以包含很多工程，但同一时刻只有一个工程处于激活状态。当我们进行编译、连接、运行时，均是对当前的活动工程进行的。

单击主菜单中的 Project 项，选择"Set active project"命令，在当前的工程列表中选择要激活的工程，被激活的工程名前面的方框中用"√"标志。

5. 简单程序调试

（1）编辑源程序。为第一章的例 1.1 程序新建一个工作空间（设名为 ch1），在该工作空间中新建一个工程（设名为 ch1_1），然后在其中新建一个 C 源程序文件 test.cpp，输入图 E.6 所示的源程序，单击 File→Save 保存源程序。

（2）编译。单击图 E.7 所示工具栏上的编译命令快捷方式按钮（图 E.7 中最左边的一个）开始编译当前工程。

图 E.7　工具栏按钮（部分）

编译完成后，在屏幕下方的调试窗口中出现编译结果信息（该信息表示编译源程序文件

test.cpp，生成目标文件 test.obj，没有出现错误和警告），如图 E.6 中所示。

（3）连接。编译成功后，可以单击工具栏中的“连接”命令按钮（图 E.7 中左边第二个按钮）开始连接。连接完成后在调试窗口给出下述的连接信息（该信息表示连接成功，没有出现错误和警告，生成了可执行文件 ch1_1.exe）。

```
Linking...
ch1_1.exe - 0 error(s), 0 warning(s)
```

（4）运行。单击“Execute Program”按钮（图 E.7 中左边第四个按钮）开始运行程序。结果如图 E.8 所示。此时，按任意键返回到 VC++ 6.0 的主窗口。

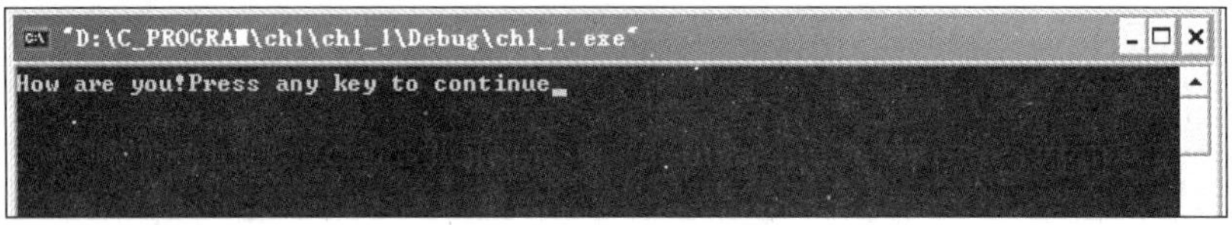

图 E.8　运行结果

6. 程序调试技巧

在编译、连接、运行程序的过程中都可能存在错误。只要程序有错，必须回到编辑状态修改源程序，然后再编译、连接、运行，如此反复，直至程序运行正确。其中在编译阶段检查语法错误，在运行阶段检查程序的逻辑错误。

（1）语法错误的调试技巧。例如，将上述源程序中的语句“printf("How are you!");”最后的分号去掉，然后再编译，出现错误提示如下：

```
D:\c_program\ch1\ch1_1\test.cpp(5) : error C2143: syntax error : missing ';' before '}'
test.obj - 1 error(s), 0 warning(s)
```

从上述信息可知，程序 test.cpp 中有一个错误，在第 5 行，语法错误：'}'前面漏掉了';'。

处理方法如下：

双击该错误提示信息，光标自动定位到出错的行，同时在编辑框的左边有一个箭头指示出错行，如图 E.9 所示。

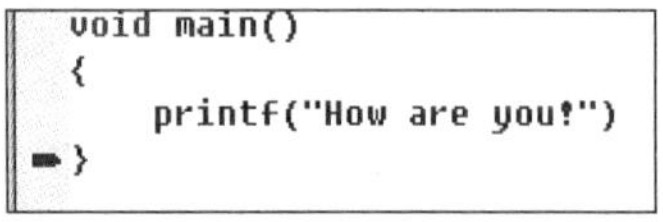

图 E.9　光标定位出错行

修改源程序后，再次进行编译、连接、运行。

特别提示：一个语法错误可能引起一连串的多个错误，所以改错要从第 1 个开始逐个改正，并且每改正一处错误都要及时进行编译，以提高调试效率。

（2）逻辑错误的调试技巧。当程序编译、连接都顺利通过但运行结果不对时，说明程序中的操作逻辑有问题。一般的处理思路：首先根据运行结果推测程序中可能的出错位置；其次用“单步调试”和“断点调试”的方法，查找程序中发生错误的位置；最后尝试修改源程序。

例如，程序 test.cpp 要实现“输入两个整数并求和”，源程序及调试界面如图 E.10 所示。程序的运行结果：

```
input 2 integers:10 6
10+ 6=4
```

很明显，结果是错误的。

1）查找出错原图最直接的方法是，根据运行结果，推测可能是“求和”操作出错了，查看源程序、修改。若不能直接根据结果查找到出错原因，最有效的方法是“单步调试”或“断点调试”。

2）单步调试。按下功能键 F10，开始单步执行，每按一次执行一条语句（即黄色箭头所指的语句），根据黄色箭头的移动可跟踪程序的执行过程，同时还可以根据下方的输出窗口中相关变量的值，以及运行窗口中显示的结果，判断每一条语句执行的操作是否正确。例如，当执行完 scanf()语句后，黄色箭头指向语句“sum=a-b;”，此时查看下方的输出窗口中显示的变量 a 和 b 的值都是正确的，说明输入操作没有错误，如图 E.10 所示。若继续单步执行，可看到 sum 的值由随机数变为 4（按程序要求，sum 的值应为 16），于是可确定“求和”语句出错了。

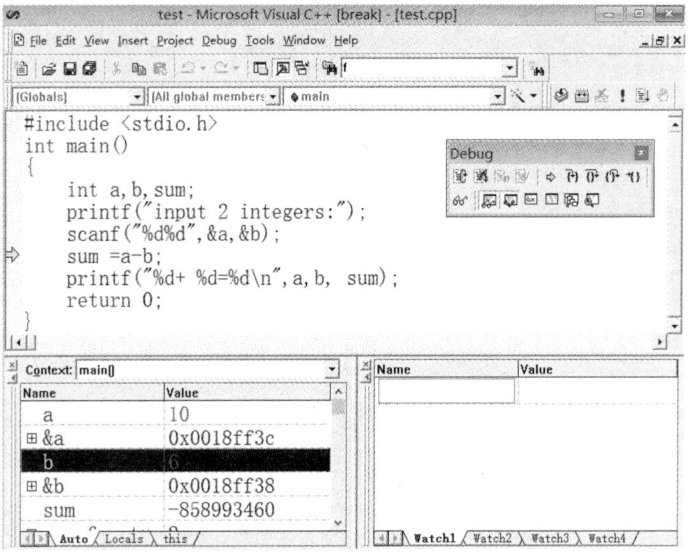

图 E.10　单步调试案例

3）断点调试。首先根据程序的功能将程序分段，在每段的末尾语句位置“设置断点”（将光标定位在某行语句，单击按钮，该语句的左侧会添加一个断点标记●，再次单击按钮则清楚该断点）；然后“分段执行”（单击按钮），程序执行到断点处会暂停（再次单击则继续执行下一段），此时可查看相关变量的值和运行结果，判断是否已出错，由此可找到出错的程序段。

特别提示：实际调试程序时，通常综合使用以上三种方法。当不能根据运行结果确定错误发生的原因时，可以先使用“断点调试”实现“程序的分段调试”，确定出错的程序段，然后在该段内使用“单步调试”，确定出错的语句。